单片机原理与应用

主　编　翟红艺
副主编　李逢春　尹　晶　李　鹏　司夏岩

北京邮电大学出版社
www.buptpress.com

内 容 简 介

  MCS-51 单片机应用广泛,是单片机系统开发的重要系列,也是学习单片机技术较好的系统平台。本书详尽地介绍了 MCS-51 系列单片机的硬件结构、指令系统及汇编语言程序设计、C51 程序设计、内部功能及接口、系统外部功能的扩展、单片机系统开发及仿真。书中介绍的应用实例,均为作者在实验及实习教学过程中应用的实例,在编入教材时又采用 PROTEUS 软件进行系统仿真。通过大量的例题和单片机应用实例,引导读者逐步掌握单片机应用系统开发的基本知识、方法和技能。各章后配有习题,以巩固学生所学的知识。

  本书可作为高等院校电子信息类专业及理工科专业的教学用书,也可作为高职高专同类专业的教学用书及各类工程技术人员的参考用书。

图书在版编目(CIP)数据

单片机原理与应用/ 翟红艺主编 .--北京:北京邮电大学出版社,2015.6

ISBN 978-7-5635-4379-3

Ⅰ.①单… Ⅱ.①翟… Ⅲ.①单片微型计算机 Ⅳ.①TP368.1

中国版本图书馆 CIP 数据核字(2015)第 121197 号

书　　　名	单片机原理与应用
著作责任者	翟红艺　主编
责 任 编 辑	满志文
出 版 发 行	北京邮电大学出版社
社　　　址	北京市海淀区西土城路 10 号(邮编:100876)
发 行 部	电话:010-62282185　传真:010-62283578
E-mail	publish@bupt.edu.cn
经　　　销	各地新华书店
印　　　刷	北京鑫丰华彩印有限公司
开　　　本	787 mm×1 092 mm　1/16
印　　　张	14
字　　　数	348 千字
版　　　次	2015 年 7 月第 1 版　2015 年 7 月第 1 次印刷

ISBN 978-7-5635-4379-3　　　　　　　　　　　　　　　　　　　　定 价:28.00 元

单片机
原理与应用

主　编◎翟红艺

副主编◎李逢春　尹　晶　李　鹏　司夏岩

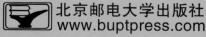

北京邮电大学出版社
www.buptpress.com

前　言

MCS-51 系列单片机是 1980 年由 Intel 公司推出的,经过了长期的应用和实践,被公认为最经典的系列。同时,随着单片机和嵌入式技术的不断发展和创新,80C51 已经发展为具有广泛产品型号的单片机家族。近几年,市场上功能各异的单片机系列迅速增多,许多单片机内核仍采用 8051。单片机教学多年来一直选用 MCS-51 经典机型,经过不断的实践和完善,已经形成了以应用为导向的教学体系。

本书以应用为特色,注重理论与实践的紧密结合。讲述了学习单片机必须掌握的基本理论知识,层次分明,语言简练;结合单片机理论与实践教学,编写了单片机实验与单片机系统仿真经典实例,系统仿真与实验均为作者经过实践运行并在教学循环中逐步完善的典型实例。主要内容包括 MCS-51 系列单片机的基础知识、硬件结构、指令系统、汇编语言程序设计、C51 程序设计、中断系统、定时器/计数器、串行口、系统扩展、单片机系统仿真和单片机实验等内容。

MCS-51 单片机作为典型的教学机型已经过多年的教学实践,其经典的结构有助于学生掌握单片机的基本理论知识。为了更好地结合应用型教学,启发学生的创新思维,在编写过程中注重体现项目教学的设计思想,使理论和实践密切结合;采用计算机软件仿真 MCS-51 单片机软硬件,使学生不仅掌握基本原理,而且掌握单片机仿真技术;编程设计分别采用汇编语言程序和 C51 语言程序,满足双语言教学需要,使学生不仅能够运用单片机汇编语言进行实时性强的应用系统编程,而且能够运用 C51 语言进行单片机程序设计及双语言混合程序设计。

本书共分为 10 章,第 1 章介绍单片机的基础知识;第 2 章介绍 MCS-51 单片机的结构及原理;第 3 章介绍 MCS-51 的指令系统;第 4 章介绍 MCS-51 汇编语言程序设计;第 5 章介绍中断系统和定时器/计数器;第 6 章介绍单片机串行口及应用;第 7 章介绍 MCS-51 单片机系统扩展;第 8 章介绍 C51 语言编程基础;第 9 章介绍 C51 基础应用设计;第 10 章介绍 C51 单片机实验。为了方便读者阅读,书后附有 ASCII 码表、常用芯片引脚、MCS-51 单片机指令表和 C51 常用资源。

本书由长春理工大学光电信息学院翟红艺担任主编,编写第 1 章,负责本书统稿工作;李逢春编写第 2 章;李鹏编写第 3 章、第 4 章和第 5 章的 5.5 节;司夏岩编写第 5 章的 5.1～5.4 节、第 6 章和第 9 章的 9.3～9.4 节;尹晶编写第 7 章、第 8 章、第 10 章和第 9 章的其他小节。由于作者水平有限,虽全体参编人员已尽心尽力,书中仍难免出现疏漏和不妥之处,恳请专家和读者批评指正。

　　在教材编写过程中,得到了长春理工大学光电信息学院领导和同事们的大力支持。本书编写过程中参考了许多优秀教材,感谢相关参考文献的作者。同时,感谢以上没有提到的所有支持本书编写工作的和为本书编写工作付出辛勤劳动的支持者和奉献者。

作者
2015 年,长春

目　　录

第1章 单片机的基础知识

学 习 目 标

（1）掌握单片机的概念、发展过程和应用领域。
（2）掌握单片机的数制和字符表示。
（3）掌握单片机系统开发与仿真的步骤与过程。
（4）了解单片机应用系统开发常用工具软件。

学 习 重 点 和 难 点

（1）单片机系统开发及仿真过程。
（2）常用数制和字符表示。

随着计算机技术的发展，单片机技术已成为计算机技术的重要分支。本章主要介绍单片机的基本概念、发展概况、系统开发与应用。通过本章的学习，能够掌握单片机的基本知识、开发过程和开发方法，并了解单片机的应用领域，对单片机有一个系统的、全面的了解和认识。

1.1 单片机技术的发展及应用

计算机的发展经历了电子管计算机、晶体管计算机、集成电路计算机、大规模集成电路计算机和超大规模集成电路计算机五个时代。随着微电子技术的不断发展，芯片的集成度逐渐提高，能够实现把组成微型计算机的微处理器、存储器、输入/输出接口电路集成在一块芯片上，构成单片微型计算机，即单片机。

1.1.1 单片机的发展历史

单片机的发展主要经历了初级单片机阶段、结构成熟阶段和性能提高阶段。

1. 初级单片机阶段

1971 年，Intel 公司最早推出的是 4 位单片机 4004。

1976 年，Intel 公司推出 MCS-48 单片机，具有 8 位 CPU，RAM，并行 I/O 口，8 位定时器/计数器，无串行口，寻址范围不超过 4 KB。此阶段以 8048、8039 为代表。

2. 结构成熟阶段

1978—1983 年，单片机普及阶段。此阶段的单片机仍为 8 位 CPU，片内 RAM 和 ROM 的容量加大，片外寻址范围可达 64 KB，增加了串行口、多机中断处理系统，以及 16 位的定时器/计数器。此阶段的单片机以 Intel 公司的 MCS-51 系列、MOTOROLA 公司的 6801 系列和 Zilog 公司的 Z8 系列单片机为代表。在此期间，单片机以其优良的性能价格比得到了广泛的应用。

3. 性能提高阶段

1983 年以后，16 位单片机阶段。此阶段的单片机的 CPU 为 16 位，片内 RAM 和 ROM 的容量进一步增大，增加了 D/A、A/D 转换器，主频增加，运算速度加快。此阶段的单片机以 Intel 公司的 MCS-96 单片机为代表。32 位的单片机也已进入实用阶段。

1.1.2　单片机的应用领域

单片机具有体积小、重量轻、成本低等优点，其应用领域不断扩大，在工业控制、智能仪器仪表、航空航天、智能家电、智能办公设备、汽车电子、智能传感器等系统中得到广泛的应用。

（1）智能家电：家用电器采用单片机智能化控制代替传统的电子线路控制，有利于提高控制功能，减小家电体积和重量。如洗衣机、空调、电视机、录像机、微波炉、电冰箱、电饭煲，以及各种视听设备等。

（2）智能办公设备：现代办公室使用的办公设备多数嵌入单片机，实现智能化控制。如打印机、复印机、传真机和绘图机等。

（3）工业控制：工业生产中往往需要根据控制对象的物理特征采用不同的智能算法进行过程控制。单片机可以采集温度、湿度、电流、电压、液位、流量、压力等物理参数，因此，单片机正好适合工业生产的智能控制，提高生产效率和产品质量。典型的工业控制如各种测控系统、过程控制、电机转速控制、温度控制、自动生产线等。在化工、建筑、冶金等各种工业领域都要用到单片机控制。

（4）智能仪器仪表：采用单片机的智能化仪表能够提高仪器仪表的使用功能和精度，简化仪器仪表的硬件结构，使仪器仪表智能化、微型化、数字化。采用单片机的智能仪表可以进行数据处理和存储、故障诊断。典型的应用如各种智能电气测量仪表（电压表、示波器等）、智能传感器、各种分析仪等。

（5）分布式系统的前端采集模块：在采用分布式测控的工业系统中，经常要采用分布式测控系统完成大量的分布参数的采集。在这种系统中，采用单片机作为分布式的前端采集模块，系统具有运行可靠、数据采集方便灵活、成本低廉等优点。分布式系统通常分为多个子系统，是单片机的多机应用形态。

单片机还可以应用在汽车电子、智能通信产品、航空航天系统和国防军事等领域。

1.2　单片机的数制和表示

单片机中采用的数制常用的有二进制和十六进制，以及二进制编码的十进制数，也就是

BCD 码。单片机中数据的类型分为位、字节和字。

1.2.1 二进制数和十六进制数

二进制数可以表示单片机中的数据信号、地址信号和控制命令,后缀用字母 B 表示。例如:0110 1001B 是 8 位二进制数。为了缩短数字的位数,可以用十六进制表示,十六进制的后缀用字母 H 表示。例如:69H 是十六进制数,且有 01101001B＝69H。

二进制数转化为十六进制数的转化方法是将二进制数从末位以四位为单位进行划分,每个四位二进制数转化为一位十六进制数,如果二进制数的位数不是 4 的整数倍,则在数位的高位补 0,使其成为 4 的整数倍;十六进制数转化为二进制数的转化方法是将每位十六进制数转化为四位二进制数。

当需要处理带符号的数时,用数的最高位表示数的符号:"0"表示正号,"1"表示负号。通常这种数码化的带符号数称为机器数。机器数可以用原码、反码和补码来表示。正数的原码、反码和补码都相同;负数的原码为其符号位和数值位,负数的反码为其所对应的正数按位求反,负数的补码为该负数所对应的正数的反码加 1。如表 1-1 所示为 8 位二进制数码组合对应的十六进制数、无符号数、有符号数的原码、有符号数的补码及有符号数的反码。

【例 1-1】 机器字长为 8 位,求[＋105]$_{补}$和[－105]$_{补}$。

[＋105]$_{补}$＝01101001＝69H

按位求反,得 10010110,再加 1,得 10010111

[－105]$_{补}$＝97H

表 1-1 8 位数表示法的对照表

8 位二进制数码组合	十六进制数	无符号数	原码	补码	反码
00000000	00H	0	＋0	＋0	＋0
00000001	01H	1	＋1	＋1	＋1
00000010	02H	2	＋2	＋2	＋2
…	…	…	…	…	…
01111100	7CH	124	＋124	＋124	＋124
01111101	7DH	125	＋125	＋125	＋125
01111110	7EH	126	＋126	＋126	＋126
01111111	7FH	127	＋127	＋127	＋127
10000000	80H	128	－0	－128	－127
10000001	81H	129	－1	－127	－126
10000010	82H	130	－2	－126	－125
…	…	…	…	…	…
11111100	FCH	252	－124	－4	－3
11111101	FDH	253	－125	－3	－2
11111110	FEH	254	－126	－2	－1
11111111	FFH	255	－127	－1	－0

1.2.2 BCD 码

为了与日常习惯相符合,单片机中有时也采用十进制数。在单片机中,十进制数也是用二进制编码表示的,称为 BCD 码,即二进制编码的十进制数。

8421BCD 码的每四个二进制位表示一位十进制数,例如:6829 的 8421BCD 码为 0110 1000 0010 1001。8421BCD 码编码表如表 1-2 所示。

表 1-2 8421BCD 码编码表

十进制数	8421BCD 编码	十进制数	8421BCD 编码
0	0000	5	0101
1	0001	6	0110
2	0010	7	0111
3	0011	8	1000
4	0100	9	1001

1.2.3 单片机的数据类型

1. 位(bit)

位是指一个比特的二进制数据,是数据的最小长度单位。

2. 字节(Byte)

字节是相邻的 8 个二进制位,通常从数据的末位开始划分,每 8 个二进制位称为一个字节。一个字节也可以用 2 个十六进制位表示。

3. 字(Word)

字是 2 个相邻的字节,通常从末位开始划分,每 2 个字节称为一个字,字分为高低字节,高字节表示高位数据,低字节表示低位数据。

1.3 单片机中的字符

字符信息包括数字、字母、符号和汉字等。美国信息交换标准代码(ASCII 码)包括英文字母大小写、数字、专用字符(如＋、－、＊、/、空格等)以及非打印的控制符号。共 128 种编码。用一个字节表示,低 7 位为 ASCII 码,最高位为 0。

ASCII 字符表如表 1-3 所示。

表 1-3　ASCII 字符表

b3b2b1b0		b6b5b4							
		0	1	2	3	4	5	6	7
		000	001	010	011	100	101	110	111
0	0000	NUL	DLE	SP	0	@	P	`	p
1	0001	SOH	DC1	!	1	A	Q	a	q
2	0010	STX	DC2	"	2	B	R	b	r
3	0011	ETS	DC3	#	3	C	S	c	s
4	0100	EOT	DC4	$	4	D	T	d	t
5	0101	ENQ	NAK	%	5	E	U	e	u
6	0110	ACK	SYN	&	6	F	V	f	v
7	0111	BEL	ETB	,	7	G	W	g	w
8	1000	BS	CAN	(	8	H	X	h	x
9	1001	HT	EM	)	9	I	Y	i	y
A	1010	LF	SUB	*	:	J	Z	j	z
B	1011	VT	ESC	+	;	K	[	k	{
C	1100	FF	FS	,	<	L	\	l	|
D	1101	CR	GS	—	=	M	]	m	}
E	1110	SO	RS	.	>	N	-	n	~
F	1110	SI	US	/	?	O		o	DEL

　　GB2312 是简体中文字符集的中国国家标准,称为信息交换用汉字编码字符集-基本集,又称 GB0。GB2312 共收录 6763 个汉字,其中一级汉字 3755 个,二级汉字 3008 个,同时,GB2312 收录了包括拉丁字母、希腊字母、日文平假名及片假名字母、俄语西里尔字母在内的 682 个全角字符。

　　汉字的编码是点阵式的,通过软件取模可以得到汉字的点阵编码。例如,运行 PCtoL-CD 软件,输入汉字光电信息,单击"生成字模",得到汉字的字模,如图 1-1 所示。

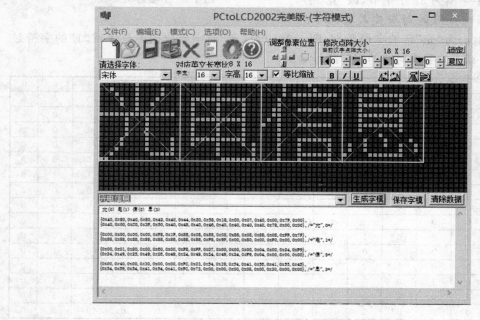

图 1-1　生成字模界面

以 16×16 点阵为例，取模方式选取"逐列式"，字模选项如图 1-2 所示，汉字"光电信息"的字模编码如下：

光（0）电（1）信（2）息（3）

{0x40,0x80,0x40,0x80,0x42,0x40,0x44,0x20,0x58,0x18,0xC0,0x07,0x40,0x00,0x7F,0x00},

{0x40,0x00,0xC0,0x3F,0x50,0x40,0x48,0x40,0x46,0x40,0x40,0x40,0x40,0x78,0x00,0x00},/* "光",0* /

{0x00,0x00,0x00,0x00,0xF8,0x1F,0x88,0x08,0x88,0x08,0x88,0x08,0x88,0x08,0xFF,0x7F},

{0x88,0x88,0x88,0x88,0x88,0x88,0x88,0x88,0xF8,0x9F,0x00,0x80,0x00,0xF0,0x00,0x00},/* "电",1* /

{0x00,0x01,0x80,0x00,0x60,0x00,0xF8,0xFF,0x07,0x00,0x00,0x00,0x04,0x00,0x24,0xF9},

{0x24,0x49,0x25,0x49,0x26,0x49,0x24,0x49,0x24,0x49,0x24,0xF9,0x04,0x00,0x00,0x00},/* "信",2* /

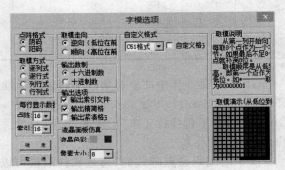

图 1-2　字模选项菜单

{0x00,0x40,0x00,0x30,0x00,0x00,0xFC,0x03,0x54,0x39,0x54,0x41,0x56,0x41,0x55,0x45},

{0x54,0x59,0x54,0x41,0x54,0x41,0xFC,0x73,0x00,0x00,0x00,0x08,0x00,0x30,0x00,0x00},/* "息",3* /

每个汉字字模为 32 个字节，以"光"字为例，其数据与点阵的对应关系如图 1-3 所示。图 1-3（a）为"光"字的字模数据；图 1-3（b）为"光"的字模数据中只保留"1"的字符显示实例；图 1-3（c）为字模对应的字节序号举例。

0	0	0	0	0	0	0	1	0	0	0	0	0	0	0	0
0	0	1	0	0	0	0	1	0	0	0	0	1	0	0	0
0	0	0	1	0	0	0	1	0	0	0	0	1	0	0	0
0	0	0	0	1	0	0	1	0	0	0	1	0	0	0	0
0	0	0	0	0	0	0	1	0	0	0	0	0	0	0	0
1	1	1	1	1	1	1	1	1	1	1	1	1	1	1	1
0	0	0	0	0	1	0	0	0	0	1	0	0	0	0	0
0	0	0	0	0	1	0	0	0	0	1	0	0	0	0	0
0	0	0	0	0	1	0	0	0	1	0	0	0	0	0	0
0	0	0	0	0	1	0	0	0	1	0	0	0	0	0	0
0	0	0	0	1	0	0	0	0	1	0	0	0	0	1	0
0	0	0	0	1	0	0	0	0	1	0	0	0	0	1	0
0	0	0	1	0	0	0	0	0	1	0	0	0	1	1	0
0	0	1	0	0	0	0	0	0	1	1	1	1	1	0	0
1	1	0	0	0	0	0	0	0	0	0	0	0	0	0	0

（a）字模举例

						1									
	1					1				1					
		1				1				1					
			1			1					1				
			1			1				1					
						1									
1	1	1	1	1	1	1	1	1	1	1	1	1	1	1	
					1			1							
					1			1							
					1			1							
				1										1	
				1					1						
			1					1						1	
		1							1	1	1	1	1		
1	1														

（b）字符显示实例

低位 字 节 1 高位	低位 字 节 3 高位	………	低位 字 节 31 高位
低位 字 节 2 高位	低位 字 节 4 高位	………	低位 字 节 32 高位

（c）字模字节排序举例

图 1-3　数据与点阵的对应关系

　　字符取模时设置不同,字模数据及排列顺序就会不同,取模方式有逐列式、逐行式、列行式和行列式;取模走向有顺向和逆向;字模数据可以采用十六进制或十进制。字模数据随取模方式、取模走向和数制等不同的选择产生不同的数据。

　　用于汉字编码的字符集还有 GBK、GB18030 汉字字符集、Unicode、HZK 汉字库等。

1.4 单片机系统开发与仿真

单片机系统由硬件与软件两个部分组成,硬件实现单片机与外部的连接及单片机与外界信号的匹配,软件实现运算、信号采集和信息输出。单片机的系统开发就是要实现正确的硬件设计和良好的软件设计,并使软件设计和硬件设计相匹配,形成一个能够完成某种具体功能的应用系统。

在单片机应用系统的开发过程中,涉及多种开发技术和工具,需要反复修改调整软、硬件,以便尽可能提高系统的工作效率、可靠性和稳定性。如果单片机应用系统的功能不同,则其硬件和软件构成就也会不相同,但系统研制、开发的方法和步骤基本一致。

1.4.1 系统开发过程

(1)总体设计:单片机系统开发首先要进行总体设计,确定系统要实现的总体功能,设计总体方案。设计系统的硬件组成功能和软件总体功能,分析其可行性并修改完善。确定哪些功能由硬件实现,哪些功能由软件完成。在不影响系统技术指标的前提下,提倡尽量用软件实现。

(2)硬件设计:首先确定硬件功能,划分硬件模块,分配单片机引脚资源。然后,画出硬件电路原理图,搭建电路,调试电路,确定电路原理图。也可以先进行电路仿真,再进行实物电路搭建和调试,会更节省时间和成本。

对于要投入生产和使用的硬件电路,在确定了电路原理图以后,还要设计电路板版图、元件位置图、电路板印字图,以及进行生产实验和器件老化实验,并在实验中不断修改和完善。

(3)软件设计:首先,确定软件总体功能,软件功能要与硬件相配合,完成系统总体功能;对系统功能和过程进行分析,并从中抽象出数学表达式,即建立数学模型;然后,确定程序结构、数据类型和程序功能的实现方法和手段,常采用的程序设计方法是模块化程序设计和结构化程序设计;最后,画出程序流程图,编写程序代码,进行软件调试和代码修改,形成完整的软件程序。

(4)系统调试和运行:调试包括硬件调试、软件调试和系统联调。调试通过后还要进行一段时间的试运行,以验证系统能否经受实际环境的考验。经过一段时间的试运行就可投入正式运行,在正式运行中还要建立维护制度,以确保系统的正常工作。

1.4.2 单片机开发的在系统编程(ISP)和在应用编程(IAP)技术

1. 在系统编程技术

在已经焊接好的单片机开发系统中对单片机芯片直接装入目标程序称为在系统编程技术。在系统编程通过普通计算机连接单片机的串行口即可将目标程序下载到单片机中,是目前常用的单片机编程技术。具有在系统编程能力的单片机产品有 AT 89S51、AT 89S52 等。

2. 在应用编程技术

单片机系统处于运行状态中对单片机的程序进行更新而不影响系统运行，并能实现程序切换，使系统运行新加载的程序，这种技术称为在应用编程技术。实现在应用编程的方法是将单片机的 Flash 存储器映射为两个存储体，其中一个存储体在线运行时，对另一个存储体进行程序加载更新，加载新程序后，系统切换存储体运行新的程序。具有在应用编程能力的单片机产品如 SST89E58。

1.4.3　系统开发工具软件

（1）程序调试：采用 Keil 公司的 μVision（μVision3、μVision4）或伟福公司的 WAVE6000 软件，能够进行软件模拟、程序调试并生成目标代码，具体执行过程见实验一。

（2）电路原理图设计和电路板版图设计：可以采用 Multisim、Protel99se、Protel DXP、Altium、Cadence spb、EAGLE layout 等软件。具体使用方法请参考相关书籍。

（3）电路仿真和系统仿真：可以采用 Proteus 和 Multisim 等软件进行系统仿真，采用 Proteus 软件的系统仿真过程详见实验九，第 9 章还介绍了采用 Proteus 软件的单片机系统仿真实例。

本 章 小 结

单片机是把微处理器、存储器、输入/输出接口电路集成在一片集成电路芯片上，构成的单片微型计算机，它具有体积小、重量轻、价格低、可靠性高和易于嵌入式应用等优点，广泛应用在工业控制、仪器仪表、航空航天、智能家电、智能办公设备、汽车电子和智能传感器等领域。

单片机系统由硬件与软件两个部分组成，硬件实现单片机与外部的连接及单片机与外界信号的匹配；软件实现运算、信号采集和信息输出。单片机的系统开发就是要实现正确的硬件设计和良好的软件设计，并使软件设计和硬件设计相匹配，形成一个能够完成某种具体功能的应用系统。

单片机的数制和编码常采用二进制、十进制、十六进制、BCD 码、ASCII 码和 GB2312 汉字编码。

单片机系统开发过程主要有系统设计、硬件设计、软件设计和系统调试运行，单片机系统开发需要借助于计算机软件完成，软件设计调试工具有 Keil、Wave，电路图和电路板设计的仿真软件有 Multisim、Protel 等，单片机的学习和掌握要在实践中不断深入。

习　　题

1-1　什么是单片机？单片机的发展经历了哪几个主要阶段？

1-2　单片机有哪些应用领域？举例说明单片机的具体应用。

1-3　简述单片机系统开发的主要过程。

1-4　什么是在系统编程技术？什么是在应用编程技术？

1-5　单片机开发常用的软件有哪些？

1-6　将下列二进制数转换为十六进制数：

11010011B、10101110B、11000101B、11110111010010B。

1-7　将下列十六进制数转换为二进制数：

FAH、09H、33H、2 340H。

1-8　写出下列汉字的字模数据：

单片机系统开发。

1-9　写出下列十进制数的 BCD 编码：

33D、78D、10D、55D。

1-10　写出下列字符的 ASCII 编码：

0、9、A、Z、a、f。

第 2 章 MCS-51 单片机的结构及原理

学 习 目 标

(1) 熟悉单片机的内部结构和应用模式。

(2) 掌握单片机引脚信号功能,内部资源。

(3) 掌握单片机的存储器空间分配及各 I/O 口的特点。

(4) 理解单片机的工作原理和基本时序。

学 习 重 点 和 难 点

(1) 单片机的结构特点和应用模式。

(2) 存储器配置与空间的分布。

(3) 程序状态字寄存器(PSW)。

(4) 单片机的 I/O 口的特点。

2.1 MCS-51 单片机概述

MCS-51 是美国 Intel 公司的 8 位高档单片机系列,这一系列的单片机有多种型号:
8051/8751/8031、8052/8752/8032、80C51/87C51/80C31、80C52/87C52/80C32 等。这个系列也是我国目前应用最为广泛的一种单片机系列。8051/80C51 是整个 MCS-51 系列单片机的核心,该系列其他型号的单片机都是在这一内核的基础上发展起来的。按照生产工艺、芯片功能及片内存储器配置等方面分类如下。

(1) 生产工艺有两种:一种是 HMOS 工艺(高密度短沟道 MOS 工艺);另一种是 CHMOS 工艺(互补金属氧化物的 HMOS 工艺)。在产品型号中带有字母"C"的即为 CHMOS 芯片,CHMOS 芯片的电平既与 TTL 电平兼容,又与 CMOS 电平兼容,具有低功耗的特点,如 87C51。8051 的功耗为 630 mW,而 80C51 的功耗只有 120 mW。

(2) 在功能上:MCS-51 单片机系列分为 51 和 52 子系列,以芯片型号的末位数字加以标识。其中,51 子系列是基本型,而 52 子系列是增强型。如基本型:8051/8751/8031、80C51/87C51/80C31;增强型:8052/8752/8032、80C52/87C52/80C32。通常选用增强型芯片。

(3) 在片内程序存储器配置上,基本上有 4 种形式:即掩模 ROM、EPROM、ROMLess 及 Flash ROM。如,80C51 有 4 KB 的掩模 ROM、87C51 有 4 KB 的 EPROM、80C31 在芯片内无程序存储器、89S51 具有 Flash ROM 4 KB。现在人们普遍采用具有 Flash 存储器的芯片。

(4) 80C51 是 MCS-51 系列单片机中 CHMOS 工艺的一个典型品种,各厂商以 8051 为基核开发出的 CMOS 单片机统称为 80C51 系列。常用产品除了有 Intel 系列的产品之外还有 ATMEL 公司的 AT89S51、AT89S52、AT89S2051;Philips、华邦、Dallas、Siemens 等公司的许多产品。

这些产品在某些方面存在一些差异,但基本结构是相同的,本书以 80C51 单片机系列来阐述。

2.2　80C51 基本结构与应用方式

2.2.1　80C51 基本结构

80C51 单片机基本型/增强型的组成如图 2-1 所示。

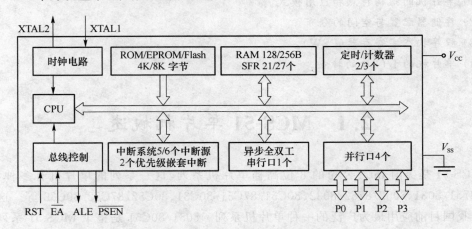

图 2-1　80C51 单片机基本型/增强型的组成

由图 2-1 可见,80C51 单片机基本型包含有:

1. CPU 系统

1 个 8 位微处理器(CPU)。

时钟电路。

总线控制。

2. 存储器系统

128B 数据存储器（RAM，可再扩展 64K）。

4 KB 程序存储器（ROM/EPROM/Flash，可外扩至 64K）。

特殊功能寄存器（SFR）。

3. I/O 口和其他功能单元

4 个 8 位的并行 I/O 接口 P0～P3。

2 个 16 位定时/计数器。

5 个中断源，其中包括 2 个优先级嵌套中断。

1 个可编程的全双工串行 I/O 接口。

2.2.2　80C51 典型产品资源配置

80C51 系列单片机基本组成虽然相同，但不同型号的产品在有些方面仍有一些差异。典型的单片机产品资源配置如表 2-1 所示。

表 2-1　80C51 系列典型产品资源配置

分类		芯片型号	存储器类型及字节数		片内其他功能单元数量			
			ROM	RAM	并口	串口	定时/计数器	中断源
总线型	基本型	80C31	无	128	4 个	1 个	2 个	5 个
		80C51	4K 掩模	128	4 个	1 个	2 个	5 个
		87C51	4K EPROM	128	4 个	1 个	2 个	5 个
		89C51	4K Flash	128	4 个	1 个	2 个	5 个
	增强型	80C32	无	256	4 个	1 个	3 个	6 个
		80C52	8K 掩模	256	4 个	1 个	3 个	6 个
		8sC52	8K EPROM	256	4 个	1 个	3 个	6 个
		89s52	8K Flash	256	4 个	1 个	3 个	6 个
非总线型		89s2051	2K Flash	128	2 个	1 个	2 个	5 个
		89s4051	4K Flash	256	2 个	1 个	2 个	5 个

注：表中 89552 和 8954051 是 ATMEL 公司 AT89 系列产品，应用方便，应优先选用

由表 2-1 可知：

（1）片内 ROM 的配置形式有以下几种：

① 无 ROM（即 ROMLess）型，应用时必须在片外扩展程序存储器；

② 掩模 ROM（即 MaskROM）型，用户程序由芯片生产厂写入；

③ EPROM 型，用户程序通过编程器等装置写入，通过紫外线照射擦除；

④ FlashROM 型，用户程序可以电写入或擦除（当前常用方式）。

有些单片机产品还提供 OTPROM 型（一次性编程写入 ROM）。通常 OTPROM 型单片机比 Flash 型（属于 MTPROM，即多次编程 ROM）单片机具有更好的环境适应性、可靠性，当环境条件较差时，应该优先选择使用。

（2）增强型与基本型有以下几点不同：

① 片内 RAM 从 128B 增加到 256B；

② 片内 ROM 从 4 KB 增加到 8 KB；

③ 定时/计数器从 2 个增加到 3 个；

④ 中断源由 5 个增加到 6 个。

2.2.3　80C51 的应用方式

1. 带总线扩展引脚的产品

通常的微处理器芯片都设有单独的地址总线、数据总线和控制总线。但单片机由于芯片引脚数量的限制，数据总线与地址总线经常采用复用方式，而且许多引脚还要与并行 I/O 口引脚兼用。总线型单片机典型产品如 80C31/AT89C51 等。

（1）总线扩展的应用方式

常用的总线型单片机有 40 个引脚，除电源、晶振输入引脚和仅能作通用并行 I/O 的 P1 口外，其余引脚大多是为应用系统总线扩展而设置的。利用这些引脚可以方便地将单片机配置成典型的"三总线"结构，如图 2-2 所示。

应用系统在以下几方面可以得到扩展：

① 芯片内部没有程序存储器（如 80C31）或芯片内程序存储器容量不够用时（如 80C51）；

② 系统需要扩展并行总线外围器件（如扩展并行可编程接口 81C55 或 ADC0809 等）。

这种总线型应用在扩展外围器件较多时接线复杂，系统可靠性会降低。所以系统设计时，应尽量减少扩展器件的数量。

（2）不扩展总线的应用方式

总线型单片机也可以采用不扩展总线的应用方式，这时单片机的扩展功能都不使用，因此可以利用的通用 I/O 口线的数量较多，如图 2-3 所示。由图可见，该方式极适用于具有大量 I/O 口线需求的应用系统。

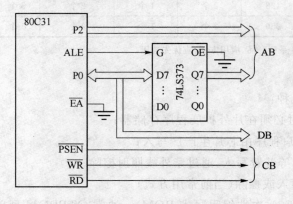

图 2-2　总线扩展的应用方式

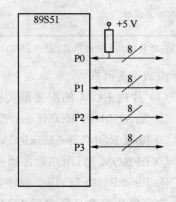

图 2-3　不扩展总线的应用方式

2. 没有总线扩展引脚的产品

没有总线扩展引脚的单片机已经将用于外部总线扩展的 I/O 接口线和控制功能线去掉,从而使单片机的引脚数减少,因此体积也减小。对于不需进行并行外围扩展、器件的体积要求苛刻且程序量不大的系统极其适合。没有总线扩展引脚的单片机典型产品如 AT89S2051/AT89S4051 等。

2.3 80C51 引脚封装及功能

80C51 系列单片机采用双列直插式(DIP)、QFP44(Quad Flat Pack)和 LCC(Leaded Chip Carrier)形式引脚封装。这里介绍常用的总线型 DIP40 引脚封装和非总线型 DIP20 引脚封装,如图 2-4 所示。

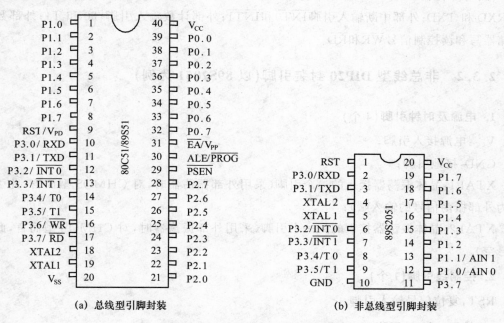

(a) 总线型引脚封装　　　　　　　　(b) 非总线型引脚封装

图 2-4　80C51 单片机引脚封装

2.3.1　总线型 DIP40 引脚封装

1. 电源及时钟引脚(4 个)

V_{CC}:电源接入引脚;

V_{SS}:接地引脚;

XTAL1:晶体振荡器接入的一个引脚(采用外部振荡器时,对 CHMOS 型而言,如 80C51,此引脚作为外部振荡信号的输入端);

XTAL2:晶体振荡器接入的另一个引脚(采用外部振荡器时,对 CHMOS 型而言,此引脚悬空)。

2. 控制线引脚(4 个)

RST/V$_{PD}$:复位信号输入引脚/备用电源输入引脚;

ALE/$\overline{PROG}$:地址锁存允许信号输出引脚/编程脉冲输入引脚;

$\overline{EA}$/V$_{PP}$:内外程序存储器选择引脚/片内 EPROM(或 FlashROM)编程电压输入引脚;

$\overline{PSEN}$:外部程序存储器选通信号输出引脚。

3. 并行 I/O 口引脚(32 个,分成 4 个 8 位口)

P0.0~P0.7:一般 I/O 口引脚或数据/低位地址总线复用引脚;

P1.0~P1.7:一般 I/O 口引脚;

P2.0~P2.7:一般 I/O 口引脚或高位地址总线引脚;

P3.0~P3.7:一般 I/O 口引脚或第二功能引脚。

注:与并行口 P3(P3.0~P3.7)复用的第二功能引脚信号分别是串行口输入和输出引脚 RXD 和 TXD;外部中断输入引脚$\overline{INT0}$和$\overline{INT1}$;外部计数输入引脚 T0 和 T1;外部数据存储器写和读控制信号$\overline{WR}$和$\overline{RD}$。

2.3.2 非总线型 DIP20 封装引脚(以 89S2051 为例)

1. 电源及时钟引脚(4 个)

V$_{CC}$:电源接入引脚;

GND:接地引脚;

XTAL1:晶体振荡器接入的一个引脚(采用外部振荡器时,对 CHMOS 型而言,此引脚作为外部振荡信号的输入端);

XTAL2:晶体振荡器接入的另一个引脚(采用外部振荡器时,对 CHMOS 型而言,此引脚悬空)。

2. 控制线引脚(1 个)

RST:复位信号输入引脚。

3. 并行 I/O 口引脚(15 个)

P1.0~P1.7:一般 I/O 口引脚,其中 P1.0 和 P1.1 兼作模拟信号输入引脚 AIN0 和 AIN1;

P3.0~P3.5、P3.7:一般 I/O 口引脚或第二功能引脚。

2.4 80C51 的内部结构

80C51 单片机由微处理器(含运算器和控制器、一些寄存器)、存储器、I/O 接口组成。内部结构如图 2-5 所示,其中可以寻址寄存器共有(21+6)27 个。

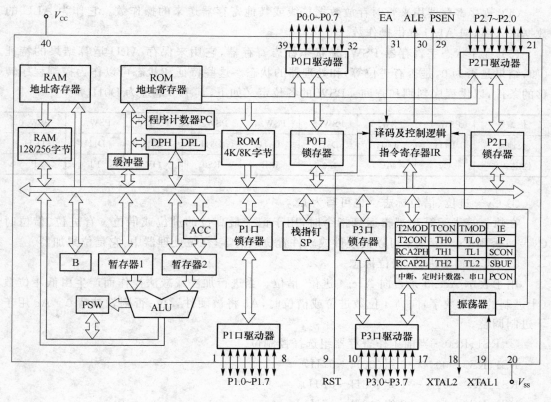

图 2-5　80C51 内部结构

2.4.1　80C51 的微处理器

作为 80C51 单片机核心部分的微处理器是一个 8 位的高性能中央处理器(CPU)。它的作用是读入并分析每条指令,根据各指令的功能控制单片机的各功能部件执行指定的运算或操作。它主要由以下几部分构成。

1. 运算器

运算器由算术/逻辑运算单元 ALU、累加器 ACC、寄存器 B、暂存寄存器和程序状态字寄存器 PSW 组成。它完成的任务是实现算术和逻辑运算、位变量处理和数据传送等操作。

(1)算术/逻辑运算单元 ALU:功能极强,既可实现 8 位数据的加、减、乘、除算术运算和与、或、异或、循环、求补等逻辑运算,同时还具有一般微处理器所不具备的位处理功能。

(2)累加器 ACC:用于向 ALU 提供操作数和存放运算的结果。在运算时将一个操作数经暂存器送至 ALU,与另一个来自暂存器的操作数在 ALU 中进行运算,运算后的结果又送回累加器 ACC。与一般微机类似,80C51 单片机在结构上是以累加器 ACC 为中心,大部分指令的执行都要通过累加器 ACC 进行。但为了提高实时性,80C51 的一些指令的操作可以不经过累加器 ACC,如内部 RAM 单元到寄存器的传送和一些逻辑操作。

(3)寄存器 B:在乘、除运算时用来存放一个操作数,也用来存放运算后的一部分结果。在不进行乘、除运算时,还可以作为通用的寄存器使用。

（4）暂存寄存器用来暂时存放数据总线或其他寄存器送来的操作数。它作为 ALU 的数据输入源,向 ALU 提供操作数。

（5）程序状态字寄存器 PSW:是状态标志寄存器,它用来保存 ALU 运算结果的特征（如,结果是否为 0,是否有进位等）和处理器的状态。这些特征和状态可以作为控制程序转移的条件,以供程序判别和查询。PSW 的各位定义如下,其字节地址为 D0H。

位编号	PSW.7	PSW.6	PSW.5	PSW.4	PSW.3	PSW.2	PSW.1	PSW.0
位地址	D7H	D6H	D5H	D4H	D3H	D2H	D1H	D0H
位定义名	Cy	AC	F0	RS1	RS0	OV	F1	P

① Cy—进位、借位标志。也可写为 C。

在执行算术运算和逻辑运算指令时,用于记录最高位的进位或借位。有进位、借位时 Cy＝1;否则 Cy＝0。Cy 可以被硬件或软件置位或清零,在位处理器中,它是位累加器。

② AC—辅助进位、借位标志。

用于表示 Acc.3 是否向 Acc.4 进位、借位。当进行加法或减法操作而产生由低 4 位数（十进制的一个数字）向高 4 位数进位或借位时,Ac 将被硬件置位;否则就被清 0。Ac 用于十进制调整。

③ RS1、RS0—当前工作寄存器组选择控制位。

RS1、RS0＝00——0 组（00H～07H）

RS1、RS0＝01——1 组（08H～0FH）

RS1、RS0＝10——2 组（10H～17H）

RS1、RS0＝11——3 组（18H～1FH）

④ OV—溢出标志。

表示 Acc 在有符号数算术运算中的溢出。即超出了带符号数的有效范围（－128～＋127）。有溢出时 OV＝1;否则 OV＝0。

⑤ P—奇偶标志。

表示 Acc 中"1"的个数的奇偶性。若 1 的个数为奇数,则 P 置位;否则清 0。

⑥ F0、F1—用户标志位,由用户自己定义。

2. 控制器

与一般微处理器的控制器一样,80C51 的控制器也由指令寄存器 IR、指令译码器 ID,及控制逻辑电路组成。

指令寄存器 IR 保存当前正在执行的一条指令。执行一条指令,先要把它从程序存储器取到指令寄存器中。指令内容包含操作码和地址码两部分,操作码送往指令译码器 ID,并形成相应指令的微操作信号。地址码送往操作数地址形成电路以便形成实际的操作数地址。

译码与控制是微处理器的核心部件,它的任务是控制取指令、执行指令、存取操作数或运算结果等操作,向其他部件发出各种微操作控制信号,协调各部件的工作。80C51 单片机片内设有振荡电路,只需外接石英晶体和频率微调电容就可产生内部时钟信号。

3. 其他寄存器

（1）程序计数器 PC 是一个 16 位的计数器（注意:PC 不属于特殊功能寄存器 SFR 的空

间）。它总是存放着下一条将要取出的指令的 16 位存储单元地址。即 CPU 总是把 PC 的内容作为地址，从内存中取出指令码或含在指令中的操作数。因此，每当取完一个字节后，PC 的内容自动加 1，为取下一个字节做好准备。只有在执行转移、子程序调用指令和中断响应时例外，那时 PC 的内容不再加 1，而是由指令或中断响应过程自动给 PC 置入新的地址。单片机开机或复位时，PC 自动装入地址 0000H，这就保证了单片机开机或复位后，程序从 0000H 地址开始执行。

（2）堆栈指针 SP，是 8 位的寄存器。它总是指向栈顶。80C51 单片机的堆栈常设在 30H～7FH 这一段 RAM 中。堆栈操作遵循"后进先出"的原则，入栈操作时，SP 先加 1，之后数据再压入 SP 指向的单元；出栈操作时，先将 SP 所指向单元的数据弹出，然后 SP 再减 1，这时 SP 指向的单元是新的栈顶。由此可见，80C51 单片机的堆栈区是向地址增大的方向生成的（这与常用的 80×86 微机不同）。

（3）数据指针 DPTR，是一个 16 位的寄存器。用来存放 16 位的地址，它由两个 8 位寄存器 DPH 和 DPL 组成。利用间接寻址指令 MOVX@DPTR，A 和 MOVXA，@DPTR 可对片外 64 KB 范围的 RAM 或 I/O 接口的数据进行读写，用变址寻址指令 MOVCA，@A＋DPTR 可对 ROM 单元中的数据进行读取。

（4）工作寄存器 R0～R7，80C51 单片机片内 RAM 的低端 32 个字节分成 4 个工作寄存器组，每组占 8 个单元。当前工作寄存器组的选择由程序状态字寄存器 PSW 的 RS1、RS0 来决定。可以对这两位进行设置，以选择不同的工作寄存器组。

每个工作寄存器组都有 8 个寄存器，分别称为 R0，R1，…，R7。程序运行时，只能有一个工作寄存器组作为当前工作寄存器组。

（5）80C51 的寄存器及其在存储器中的映射关系如图 2-6 所示。

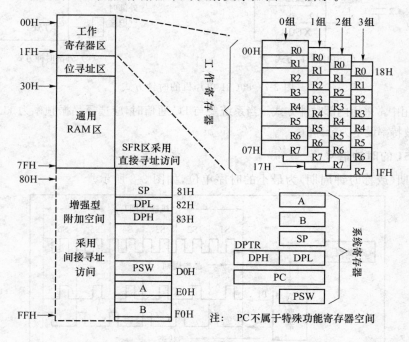

图 2-6　80C51 的寄存器及其在存储器中的映射关系

2.4.2　80C51 单片机 CPU 的时钟与时序

单片机的工作过程是:取一条指令、译码、进行微操作,再取一条指令、译码、进行微操作,这样自动地、一步一步地由微操作依序完成相应指令的功能。各指令的微操作在时间上有严格的次序,这种微操作的时间次序称作时序。单片机的时钟信号用来为单片机芯片内部的各种微操作提供时间基准。

1. 时钟产生方式

80C51 单片机的时钟信号通常有两种产生方式:一是内部时钟方式,二是外部时钟方式。内部时钟方式如图 2-7(a)所示。在 80C51 单片机内部有一振荡电路,只要在单片机的 XTAL1 和 XTAL2 引脚外接石英晶体(简称晶振),就构成了自激振荡器并在单片机内部产生时钟脉冲信号。图中电容器 C1 和 C2 的作用是稳定频率和快速起振,电容值在 5～30 pF,典型值为 30 pF。晶振 CYS 的振荡频率范围为 1.2～12 MHz,典型值为 12 MHz、6 MHz 或 11.0592 MHz。

外部时钟方式是把外部已有的时钟信号引入到单片机内,如图 2-7(b)所示。此方式常用于多片 80C51 单片机同时工作,以便于各单片机同步。对于采用 CHMOS 工艺的单片机,外部时钟要由 XTAL1 端引入,而 XTAL2 端引脚应悬空。

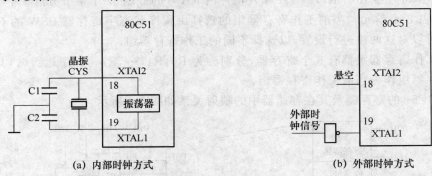

（a）内部时钟方式　　　　　　　　（b）外部时钟方式

图 2-7　80C51 单片机的时钟方式

实际应用中常采用内部时钟方式。当系统要与 PC 通信时,应选择晶振频率为 11.0592 MHz,这样便于将波特率设定为标称值。

2. 80C51 的时钟信号

晶振周期(或称时钟周期)为最小的时序单位,如图 2-8 所示。

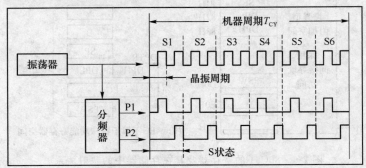

图 2-8　80C51 单片机的时钟信号

晶振信号经分频器后形成两相错开的信号 P1 和 P2。P1 和 P2 的周期也称为 S 状态,它是晶振周期的两倍。即一个 S 状态包含 2 个晶振周期。在每个 S 状态的前半周期,相位 1 (P1)信号有效,在每个 S 状态的后半周期,相位 2(P2)信号有效。每个 S 状态有两个节拍(相) P1 和 P2,CPU 以 P1 和 P2 为基本节拍指挥各部件谐调工作。

晶振信号 12 分频后形成机器周期。一个机器周期包含 12 个晶振周期或 6 个 S 状态。因此,每个机器周期的 12 个振荡脉冲可以表示为 S1P1,S1P2,S2P1,S2P2,…,S6P1,S6P2。

指令的执行时间称作指令周期。80C51 单片机的指令按执行时间可以分为三类:单周期指令、双周期指令和四周期指令(四周期指令只有乘法、除法两条指令)。

晶振周期、S 状态、机器周期和指令周期都是单片机的时序单位。晶振周期和机器周期是单片机内计算其他时间值(如指令周期、定时器的定时时间等)的基本时序单位。如晶振频率为 12 MHz,则机器周期为 1 μs,指令周期为 1~4 μs。

3. 80C51 的典型时序

(1) 单周期指令时序

单字节指令时,时序如图 2-9(a)所示。在 S1P2 把指令操作码读入指令寄存器,并开始执行指令。但在 S4P2 读的下一指令的操作码要丢弃,且程序计数器 PC 不加 1。

双字节指令时,时序如图 2-9(b)所示。在 S1P2 把指令操作码读入指令寄存器,并开始执行指令。在 S4P2 再读入指令的第二字节。

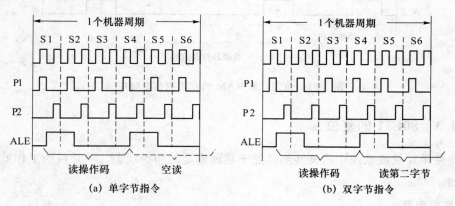

图 2-9　单周期指令时序

单字节指令、双字节指令均在 S6P2 结束操作。

(2) 双周期指令时序

对于单字节指令,在两个机器周期之内要进行 4 次读操作。只是后 3 次读操作无效,如图 2-10 所示。

由图中可以看到,每个机器周期中 ALE 信号两次有效,具有稳定的频率,可以将其作为外部设备的时钟信号。

应注意的是,在对片外 RAM 进行读/写时,ALE 信号会出现非周期现象,如图 2-11 所示。在第二机器周期无读操作码的操作,而是进行外部数据存储器寻址和数据选通,所以在 S1P2~S2P1 间无 ALE 信号。

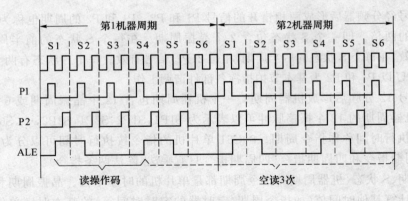

图 2-10 双周期指令时序

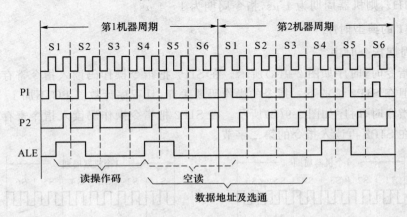

图 2-11 访问外部 RAM 的双周期指令时序

2.4.3 80C51 的复位

复位使单片机或系统中的某些部件处于某种确定的初始状态。单片机的工作就是从复位开始的。

1. 复位电路

当在 80C51 单片机的 RST 引脚引入高电平并保持 2 个机器周期以上时,单片机内部就执行复位操作(如果 RST 引脚持续保持高电平,单片机就处于循环复位状态)。

实际应用中,复位操作有两种基本形式:一种是上电复位,另一种是上电与按键均有效的复位,如图 2-12 所示。

上电复位要求接通电源后,单片机自动实现复位操作。常用的开机复位电路如图 2-12(a)所示。开机瞬间 RST 引脚获得高电平,随着电容 C1 的充电,RST 引脚的高电平将逐渐下降。RST 引脚的高电平只要能保持足够的时间(2 个机器周期),单片机就可以进行复位操作。该电路典型的电阻、电容参数为:晶振频率为 12 MHz 时,R1 为 8.2 kΩ,C1 为 10 μF;晶振频率为 6 MHz 时,R1 为 1 kΩ,C1 为 22 μF。

上电与按键均有效的复位电路如图 2-12(b)所示。开机复位原理与图 2-12(a)相同,另外,在单片机运行期间,还可以利用按键完成复位操作。晶振频率为 6 MHz 时,R2 为 200 Ω。

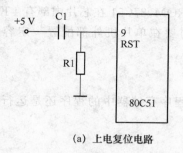

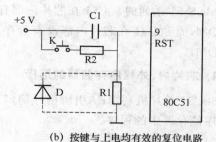

(a) 上电复位电路　　　　　　　(b) 按键与上电均有效的复位电路

图 2-12　单片机的复位电路

在实际应用中,如果在断电后有可能在较短的时间内再次加电,可以在 R1 上并联一个放电二极管,可以有效提高此种情况下复位的可靠性。

2. 单片机复位后的状态

单片机的复位操作使单片机进入初始化状态。初始化后:

(1) 程序计数器 PC 的值为 0000H,所以程序从 0000H 地址单元开始执行。

(2) 单片机启动后,片内 RAM 为随机值,运行中的复位操作不改变片内 RAM 的内容。

(3) 特殊功能寄存器复位后的状态是确定的。P0~P3 为 FFH,SP 为 07H,SBUF 不定,IP、IE 和 PCON 的有效位为 0,其余的特殊功能寄存器的状态均为 00H。相应的意义为:

① P0~P3=FFH,相当于各接口锁存器已经写入 1,此时不但可用于输出,也可以用于输入;

② SP=07H,堆栈指针指向片内 RAM 的 07H 单元(第一个入栈内容将写入 08H 单元);

③ IP、IE 和 PCON 的有效位为 0,各中断源处于低优先级且均被关断,串行通信的波特率不加倍;

④ PSW=00H,当前工作寄存器为第 0 组。

2.5　80C51 的存储器组织

存储器是组成单片机的主要部件,其功能是存储信息(程序和数据)。存储器可以分成两大类,一类是随机存取存储器(RAM),另一类是只读存储器(ROM)。

随机存取存储器 RAM 的特性是,CPU 在运行时能随时进行数据的写入和读出,但在关闭电源后,所存储的信息将丢失。所以,它用来存放暂时性的输入/输出数据、运算的中间结果或用作堆栈。

只读存储器 ROM 是一种写入信息后不易改写的存储器。关闭电源后,ROM 中的信息保持不变。所以,ROM 用来存放固定的程序或数据,如系统监控程序、常数表格等。

2.5.1　80C51 的程序存储器配置

80C51 单片机的程序计数器 PC 是 16 位的计数器,所以对程序存储器寻址的地址范围是 64 KB,允许用户程序调用或转向 64 KB 的任何存储单元。

MCS-51 系列的 80C51 在芯片内部有 4 KB 的掩模 ROM，87C51 在芯片内部有 4 KB 的 EPROM，而 80C31 在芯片内部没有程序存储器，应用时要在单片机外部配置一定容量的 EPROM。

1. 芯片内、外程序存储器的选择

80C51 单片机利用$\overline{EA}$引脚信号确定是运行芯片内程序存储器中的程序还是运行芯片外程序储存器中的程序。

（1）$\overline{EA}$引脚接高电平

$\overline{EA}$引脚接高电平时，对于基本型单片机，CPU 将首先访问芯片内部程序存储器，当指令地址超过 0FFFH 时，自动转向芯片外 ROM 去取指令。外部程序存储器的地址从 1000H 开始编制，如图 2-13 所示。

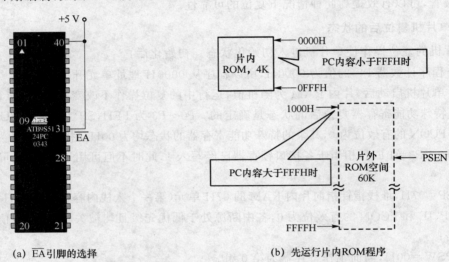

(a) $\overline{EA}$引脚的选择　　　　　　　　(b) 先运行片内ROM程序

图 2-13　$\overline{EA}$引脚接高电平

对于增强型单片机，CPU 将首先访问芯片内部程序存储器，当指令地址超过 1FFFH 时，自动转向芯片外 ROM 去取指令。

（2）$\overline{EA}$引脚接低电平

$\overline{EA}$引脚接低电平时（接地），CPU 只能访问芯片外部程序存储器（对于 80C31 单片机，由于其芯片内部无程序存储器，只能采用这种接法）。芯片外部程序存储器的地址从 0000H 开始编址，如图 2-14 所示。

2. 程序存储器的几个特殊单元

程序存储器的一些地址被固定地用作特定的入口地址，如图 2-15 所示。这些单元及用途是：

0000H：单片机复位后的入口地址；

0003H：外部中断 0 的中断服务子程序入口地址；

000BH：定时/计数器 0 溢出中断服务子程序入口地址；

0013H：外部中断 1 的中断服务子程序入口地址；

001BH：定时/计数器 1 溢出中断服务子程序入口地址；

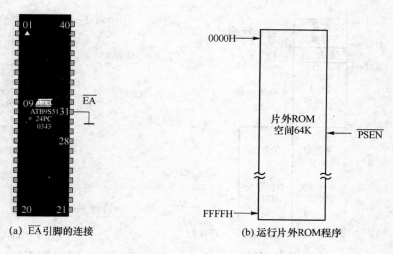

(a) $\overline{EA}$引脚的连接　　　　　　　(b) 运行片外ROM程序

图 2-14　$\overline{EA}$引脚接低电平

0023H:串行接口的中断服务子程序入口地址。

对于增强型单片机,002BH 为定时/计数器 2 溢出或 T2EX 负跳变中断服务子程序入口地址。

0000H 地址作为复位入口,通常放入一条转移指令,单片机复位后首先执行该指令进入主程序,如图 2-16 所示。

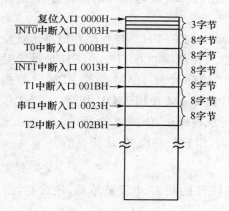

图 2-15　ROM 低端的入口地址

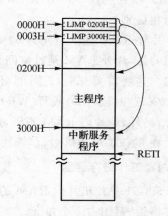

图 2-16　基本程序结构

执行主程序时,如果某一中断被允许,且 CPU 开放了中断,当该中断事件发生时,就会暂停主程序的执行,转去执行中断服务子程序。编程时,通常在该中断入口地址开始的两个或三个单元中放入一条转移指令,使相应的中断服务与实际分配的程序存储器区域中的程序段相对应(仅在中断服务程序较短时,才可以将中断服务程序直接放在相应的入口地址开始的几个单元中)。

2.5.2　80C51 的数据存储器配置

80C51 单片机的数据存储器分为片外 RAM 和片内 RAM 两大部分,如图 2-17 所示。

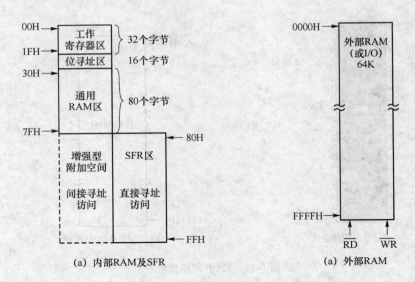

图 2-17　80C51 单片机 RAM 配置

80C51 片内 RAM 共有 128 字节,分成工作寄存器区、位寻址区和通用 RAM 区三部分。基本型单片机片内 RAM 地址范围是 00H～7FH。增强型单片机(如 80C52)片内除地址范围在 00H～7FH 的 128 字节 RAM 外,又增加了 80H～FFH 的高 128 字节的 RAM。增加的这一部分 RAM 只能采用间接寻址方式访问(以与特殊功能寄存器 SFR 的访问相区别)。

片外 RAM 地址空间为 64 KB,地址范围是 0000H～FFFFH。与程序存储器地址空间不同的是,片外 RAM 地址空间与片内 RAM 地址空间在低端 0000H～007FH 地址上是重叠的。这就需要采用不同的寻址方式加以区分。访问片外 RAM 时使用专门的指令 MOVX,这时读($\overline{RD}$)或写($\overline{WR}$)信号有效;而访问片内 RAM 使用 MOV 指令,不产生读写信号;另外,与片内 RAM 不同,片外 RAM 不能进行堆栈操作,如图 2-17 所示。

在 80C51 单片机中,尽管片内 RAM 的容量不大,但它的功能多,使用灵活。

1. 工作寄存器区

80C51 单片机片内 RAM 的低端地址为 00H～1FH 的共 32 个字节单元,分成 4 个工作寄存器组,每组占 8 个单元。

寄存器 0 组:地址 00H～07H;

寄存器 1 组:地址 08H～0FH;

寄存器 2 组:地址 10H～17H;

寄存器 3 组:地址 18H～1FH。

每个工作寄存器组都有 8 个寄存器,分别称为 R0,R1,…,R7。程序运行时,只能有一个工作寄存器组作为当前工作寄存器组,如图 2-18 所示。当前工作寄存器组的选择由特殊功能寄存器中的程序状态字寄存器 PSW 的 RS1、RS0 来决定。通过对这两位进行编程设置,选择不同的工作寄存器组。工作寄存器组与 RS1、RS0 的关系及地址如表 2-2 所示。

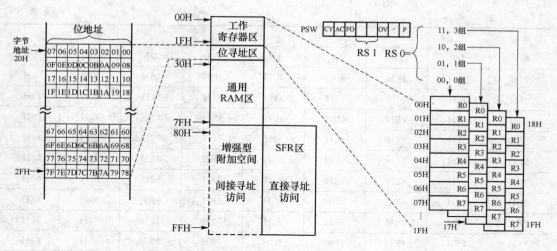

图 2-18　片内 RAM 详图

表 2-2　80C51 单片机工作寄存器地址表

组号	RS1	RS0	R7	R6	R5	R4	R3	R2	R1	R0
0	0	0	07H	06H	05H	04H	03H	02H	01H	00H
1	0	1	0FH	0EH	0DH	0CH	0BH	0AH	09H	08H
2	1	0	17H	16H	15H	14H	13H	12H	11H	10H
3	1	1	1FH	1EH	1DH	1CH	1BH	1AH	19H	18H

当前工作寄存器组从某一组工作寄存器换至另一组工作寄存器时,原来工作寄存器组的各寄存器的内容将被屏蔽保护起来。利用这一特性可以方便地完成快速现场数据保护任务。

2. 位寻址区

内部 RAM 中地址为 20H～2FH 的共 16 个字节单元是位寻址区,其 128 个位的地址范围是 00H～7FH,对被寻址的位可进行位操作。通常将程序状态标志和位控制变量设在位寻址区内,该区未用的单元也可以作为通用 RAM 使用,位地址与字节地址的关系如表 2-3 所示。

表 2-3　80C51 单片机位地址表

字节地址	位地址							
	D7	D6	D5	D4	D3	D2	D1	D0
20H	07H	06H	05H	04H	03H	02H	01H	00H
21H	0FH	0EH	0DH	0CH	0BH	0AH	09H	08H
22H	17H	16H	15H	14H	13H	12H	11H	10H
23H	1FH	1EH	1DH	1CH	1BH	1AH	19H	18H
24H	27H	26H	25H	24H	23H	22H	21H	20H
25H	2FH	2EH	2DH	2CH	2BH	2AH	29H	28H
26H	37H	36H	35H	34H	33H	32H	31H	30H

字节地址	位地址							
	D7	D6	D5	D4	D3	D2	D1	D0
27H	3FH	3EH	3DH	3CH	3BH	3AH	39H	38H
28H	47H	46H	45H	44H	43H	42H	41H	40H
29H	4FH	4EH	4DH	4CH	4BH	4AH	49H	48H
2AH	57H	56H	55H	54H	53H	52H	51H	50H
2BH	5FH	5EH	5DH	5CH	5BH	5AH	59H	58H
2CH	67H	66H	65H	64H	63H	62H	61H	60H
2DH	6FH	6EH	6DH	6CH	6BH	6AH	69H	68H
2EH	77H	76H	75H	74H	73H	72H	71H	70H
2FH	7FH	7EH	7DH	7CH	7BH	7AH	79H	78H

3. 通用 RAM 区

位寻址区之后的地址为 30H～7FH 的共 80 个字节单元为通用 RAM 区,这些单元可以作为数据缓冲器使用。这一区域的操作指令非常丰富,数据处理方便灵活。

在实际应用中,经常需要在 RAM 区设置堆栈。80C51 的堆栈一般设在 30H～7FH 的范围内,栈顶的位置由 SP 寄存器指示。复位时 SP 的初值为 07H,在系统初始化时可以重新设置。

2.5.3　80C51 的特殊功能寄存器(SFR)

在 80C51 单片机中设置了与片内 RAM 统一编址的 21 个特殊功能寄存器(SFR),它们离散地分布在 80H～FFH 的地址空间中。字节地址能被 8 整除的(即十六进制的地址码尾数为 0 或 8 的)单元是具有位地址的寄存器。在 SFR 地址空间中,有效位地址共有 83 个,如表 2-4 所示。访问 SFR 只允许使用直接寻址方式。

表 2-4　80C51 特殊功能寄存器位地址及字节地址表

SFR 名称	符号	位地址/位定义名/位编号								字节地址
		D7	D6	D5	D4	D3	D2	D1	D0	
B 寄存器	B	F7H	F6H	F5H	F4H	F3H	F2H	F1H	F0H	(F0H)
累加器 A	Acc	E7H	E6H	E5H	E4H	E3H	E2H	E1H	E0H	(E0H)
		Acc.7	Acc.6	Acc.5	Acc.4	Acc.3	Acc.2	Acc.1	Acc.0	
程序状态字寄存器	PSW	D7H	D6H	D5H	D4H	D3H	D2H	D1H	D0H	(D0H)
		Cy	AC	F0	RS1	RS0	OV	F1	P	
		PSW.7	PSW.6	PSW.5	PSW.4	PSW.3	PSW.2	PSW.1	PSW.0	
中断优先级控制寄存器	IP	BFH	BEH	BDH	BCH	BBH	BAH	B9H	B8H	(B8H)
					PS	PT1	PX1	PT0	PX0	

续 表

SFR 名称	符号	位地址/位定义名/位编号								字节地址
		D7	D6	D5	D4	D3	D2	D1	D0	
I/O 端口 3	P3	B7H	B6H	B5H	B4H	B3H	B2H	B1H	B0H	(B0H)
		P3.7	P3.6	P3.5	P3.4	P3.3	P3.2	P3.1	P3.0	
中断允许控制寄存器	IE	AFH	AEH	ADH	ACH	ABH	AAH	A9H	A8H	(A8H)
		EA			ES	ET1	EX1	ET0	EX0	
I/O 端口 2	P2	A7H	A6H	A5H	A4H	A3H	A2H	A1H	A0H	(A0H)
		P2.7	P2.6	P2.5	P2.4	P2.3	P2.2	P2.1	P2.0	
串行数据缓冲器	SBUF									99H
串行控制寄存器	SCON	9FH	9EH	9DH	9CH	9BH	9AH	99H	98H	(98H)
		SM0	SM1	SM2	REN	TB8	RB8	TI	RI	
I/O 端口 1	P1	97H	96H	95H	94H	93H	92H	91H	90H	(90H)
		P1.7	P1.6	P1.5	P1.4	P1.3	P1.2	P1.1	P1.0	
定时/计数器 1（高字节）	TH1									8DH
定时/计数器 0（高字节）	TH0									8CH
定时/计数器 1（低字节）	TL1									8BH
定时/计数器 0（低字节）	TL0									8AH
定时/计数器方式选择	TMOD	GATE	C/$\overline{T}$	M1	M0	GATE	C/$\overline{T}$	M1	M0	89H
定时/计数器控制寄存器	TCON	8FH	8EH	8DH	8CH	8BH	8AH	89H	88H	(88H)
		TF1	TR1	TF0	TR0	IE1	IT1	IE0	IT0	
电源控制及波特率选择	PCON	SMOD				GF1	GF0	PD	IDL	87H
数据指针（高字节）	DPH									83H
数据指针（低字节）	DPL									82H
堆栈指针	SP									81H
I/O 端口 0	P0	87H	86H	85H	84H	83H	82H	81H	80H	(80H)
		P0.7	P0.6	P0.5	P0.4	P0.3	P0.2	P0.1	P0.0	

特殊功能寄存器(SFR)每一位的定义和作用与单片机各部件直接相关。这里先概要介绍一下,详细用法在相应的章节中进行说明。

1. 与运算器相关的寄存器(3 个)

① 累加器 ACC,8 位。ACC 是 80C51 单片机中最频繁使用的寄存器,用于向 ALU 提

供操作数,许多运算的结果也存放在累加器中;

② 寄存器 B,8 位。主要用于乘、除法运算,也可以作为 RAM 的一个单元使用;

③ 程序状态字寄存器 PSW,8 位。它用来保存 ALU 运算结果的特征和处理器状态,其中 RS1 和 RS0 位用来设定当前工作寄存器组。

2. 指针类寄存器(3 个)

① 堆栈指针 SP,8 位。它总是指向栈顶。复位初始值为 07H;

② 数据指针 DPTR,16 位。用来存放 16 位的地址。它由两个 8 位寄存器 DPH 和 DPL 组成,可对片外 64 KB 范围的 RAM 或 ROM 数据进行间接寻址或变址寻址操作。

3. 与口相关的寄存器(7 个)

① 并行 I/O 端口 P0、P1、P2、P3,均为 8 位。通过对这 4 个寄存器的读/写操作,可以实现数据从相应并行口的输入/输出;

② 串行口数据缓冲器 SBUF;

③ 串行口控制寄存器 SCON;

④ 串行通信波特率倍增寄存器 PCON(一些位还与电源控制相关,所以又称为电源控制寄存器)。

4. 与中断相关的寄存器(2 个)

① 中断允许控制寄存器 IE;

② 中断优先级控制寄存器 IP。

5. 与定时/计数器相关的寄存器(6 个)

① 定时/计数器 T0 的两个 8 位计数初值寄存器 TH0、TL0,它们可以构成 16 位的计数器,TH0 存放高 8 位,TL0 存放低 8 位;

② 定时/计数器 T1 的两个 8 位计数初值寄存器 TH1、TL1,它们可以构成 16 位的计数器,TH1 存放高 8 位,TL1 存放低 8 位;

③ 定时/计数器的工作方式寄存器 TMOD;

④ 定时/计数器的控制寄存器 TCON。

2.6 80C51 并行口结构与驱动

80C51 单片机有 4 个 8 位的并行 I/O 接口,分别是 P0、P1、P2 和 P3。各口都是由口锁存器、输出驱动器和输入缓冲器组成。各口可以作为字节输入/输出使用,另外各口每一条口线也可以单独地用作位输入/输出线。各口编址于特殊功能寄存器中,既有字节地址又有位地址。对各口锁存器的读写,就可以实现口的输入/输出操作。

当不需要外部程序存储器和数据存储器扩展时(如 80C51/87C51 单片机的某些应用),P0 口、P2 口可用作通用的输入/输出口;当需要外部程序存储器和数据存储器扩展时(如 80C31 的应用),P0 口作为分时复用的低 8 位地址/数据总线,P2 口作为高 8 位地址总线。

P1 口是 80C51 唯一的单功能口,仅能用作通用的数据输入/输出口。

P3 口是双功能口,除具有数据输入/输出功能外,每一口线还具有特殊的第二功能。

虽然各口的功能不同,结构也存在一些差异,但每个口的位结构是相同的。所以,口结构就以其位结构进行说明。

2.6.1　P0 口的结构

P0 口由一个输出锁存器、一个转换开关 MUX、两个三态输入缓冲器、输出驱动电路、一个与门和一个反相器组成,如图 2-19 所示。图中控制信号 C 的状态决定转换开关的位置。当 C=0 时,开关处于图中所示位置;当 C=1 时,开关拨向反相器输出端位置。

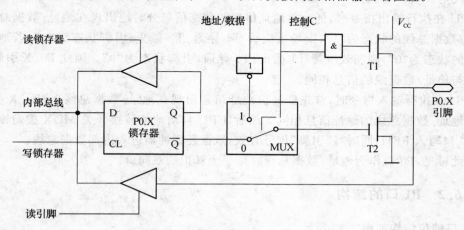

图 2-19　P0 口的位结构

1. P0 用作通用 I/O 口(C=0)

当系统不进行片外 ROM 扩展(即 $\overline{EA}=1$),也不进行片外 RAM 扩展时,P0 用作通用 I/O 接口。在这种情况下,单片机硬件自动使控制 C=0,MUX 开关接向锁存器的反相输出端。另外,与门输出的"0"使输出驱动器的上拉场效应管 T1 处于截止状态。因此,输出驱动级工作在需要外接上拉电阻的漏极开路方式。

作输出口时,CPU 执行口的输出指令,内部数据总线上的数据在"写锁存器"信号的作用下由 D 端进入锁存器,经锁存器的反相端送至场效应管 T2,再经 T2 反相,在 P0.X 引脚出现的数据与内部总线的数据正好一致。

作输入口时,数据可以读自口的锁存器,也可以读自口的引脚。这时要根据输入操作采用的是"读锁存器"指令还是"读引脚"指令来决定。

CPU 在执行"读—修改—写"类输入指令时(如:ORL P0,A),内部产生的"读锁存器"操作信号,使得锁存器 Q 端数据进入内部数据总线,在与累加器 A 进行逻辑运算之后,结果又送回 P0 的口锁存器并出现在引脚上。读口锁存器可以避免因外部电路原因使原口引脚的状态发生变化造成的误读(例如,用一根口线驱动一个晶体管的基极,在晶体管的射极接地的情况下,当向口线写"1"时,晶体管导通,并把引脚的电平拉低到 0.7 V。这时若从引脚读数据,会把状态为 1 的数据误读为"0"。若从锁存器读,则不会读错)。

CPU 在执行"MOV"类输入指令时(如,MOV A,P0),内部产生的操作信号是"读引脚"。这时一定要注意,在执行该类输入指令前要先给锁存器写入"1",目的是使场效应管 T2 截止,使引脚处于悬浮状态,可以作为高阻抗输入;否则,在作为输入方式之前曾向锁存器输出过"0"，T2 导通会使引脚钳位在"0"电平上，使输入高电平"1"无法读入。所以，P0 口在作为通用 I/O 口时，属于准双向口。

2. P0 用作地址/数据总线(C＝1)

当系统进行片外 ROM 扩展(即 $\overline{EA}$＝0)或进行片外 RAM 扩展(外部 RAM 传送使用 "MOVX @DPTR"或"MOVX @Ri"类指令)时，P0 用作地址/数据总线。在这种情况下，单片机内硬件自动使 C＝1，MUX 开关接向反相器的输出端，这时与门的输出由地址/数据线的状态决定。

CPU 在执行输出指令时，低 8 位地址信息和数据信息分时地出现在地址/数据总线上。若地址/数据总线的状态为"1"，则场效应管 T1 导通、T2 截止，引脚状态为"1"；若地址/数据总线的状态为"0"，则场效应管 T1 截止、T2 导通，引脚状态为"0"。因此 P0.X 引脚的状态正好与地址/数据线的信息相同。

CPU 在执行输入指令时，首先低 8 位地址信息出现在地址/数据总线上，P0.X 引脚的状态与地址/数据总线的地址信息相同。然后，CPU 自动地使转换开关 MUX 拨向锁存器，并向 P0 口写入 FFH，同时"读引脚"信号有效，数据经缓冲器进入内部数据总线。

由此可见，P0 口作为地址/数据总线时是一个真正的双向口。

2.6.2　P1 口的结构

P1 口的位结构如图 2-20 所示。

由图 2-20 可见，P1 口由一个输出锁存器、两个三态输入缓冲器和输出驱动电路组成。其输出驱动电路内部设有上拉电阻。

P1 口是通用的准双向 I/O 口。由于内部设有 30 kΩ 上拉电阻，引脚不必再接上拉电阻。当口用作输入时，须向口锁存器先写入"1"。

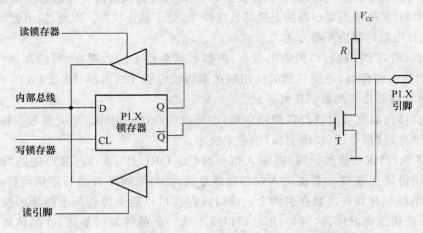

图 2-20　P1 口的位结构

2.6.3　P2 口的结构

P2 口由一个输出锁存器、一个转换开关 MUX、两个三态输入缓冲器、输出驱动电路和一个反相器组成。图中控制信号 C 的状态决定转换开关的位置。当 C＝0 时,开关拨向锁存器输出端位置;当 C＝1 时,开关拨向地址线位置。P2 口的位结构如图 2-21 所示。

由图 2-21 可见,P2 口的输出驱动电路内部设有上拉电阻(由两个场效应管并联构成,图中用等效电阻表示)。

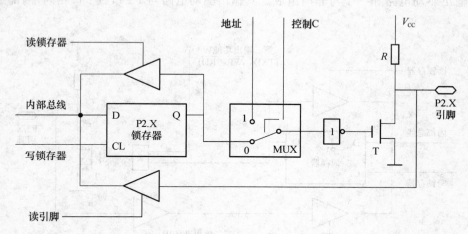

图 2-21　P2 口的位结构

1. P2 用作通用 I/O 口(C＝0)

当不需要在单片机芯片外部扩展程序存储器(对于 80C51/87C51,$\overline{EA}$＝1)和数据存储器 RAM,或者只需扩展 256 字节的片外 RAM 时(访问片外 RAM 利用"MOVX　@Ri"类指令来实现),只用到了地址线的低 8 位,P2 口不受该类指令的影响,这时 P2 口可以作为通用 I/O 口使用。

CPU 在执行输出指令时,内部数据总线的数据在"写锁存器"信号的作用下由 D 端进入锁存器,经反相器反相后送至场效应管 T,再经 T 反相,在 P2.X 引脚出现的数据正好是内部总线的数据。

P2 口用作输入时,数据可以读自口的锁存器,也可以读自口的引脚。这要根据输入操作采用的是"读锁存器"指令还是"读引脚"指令来决定。

CPU 在执行"读—修改—写"类输入指令时(如:ANL P2,A),内部产生的"读锁存器"信号使锁存器 Q 端数据进入内部数据总线,在与累加器 A 进行逻辑运算之后,结果又送回 P2 的口锁存器并出现在引脚。

CPU 在执行"MOV"类输入指令时(如:MOV A,P2),内部产生的操作信号是"读引脚"。同样,应在执行输入指令前把锁存器写入"1",目的是使场效应管 T2 截止,从而使引脚处于高阻抗输入状态。

所以,P2 口作为通用 I/O 口时,属于准双向口。

2. P2 用作地址总线(C＝1)

当需要在单片机芯片外部扩展程序存储器($\overline{EA}$＝0)或扩展的 RAM 容量超过 256 字节时(读/写片外 RAM 或 I/O 采用"MOVX @DPTR"类指令),单片机内硬件自动使控制 C＝1,MUX 开关接向地址线,这时 P2.X 引脚的状态正好与地址线输出的信息相同。

2.6.4 P3 口的结构

P3 口的位结构如图 2-22 所示。P3 口由一个输出锁存器、三个输入缓冲器(其中两个为三态)、输出驱动电路和一个与非门组成。其输出驱动电路与 P2 口、P1 口相同,内部设有上拉电阻。

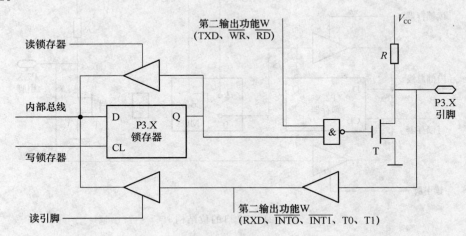

图 2-22 P3 口的位结构

1. P3 用作第一功能的通用 I/O 口(进行字节或位寻址时)

当 CPU 对 P3 口进行字节或位寻址时(多数应用场合是把几条口线设为第二功能,另外几条口线设为第一功能,这时采用位寻址方式),单片机内部的硬件自动将第二功能输出线的 W 置 1。这时,对应的口线为通用 I/O 口方式。

作为输出时,锁存器的状态(Q 端)与输出引脚的状态相同;作为输入时,也要先向口锁存器写入"1",这时引脚处于高阻输入状态。输入的数据在"读引脚"信号的作用下,进入内部数据总线。所以,P3 口在作为通用 I/O 口时,也属于准双向口。

2. P3 用作第二功能使用(不进行字节或位寻址时)

当 CPU 不对 P3 进行字节或位寻址时,单片机内部硬件自动将口锁存器的 Q 端置"1"。这时,P3 口可以作为第二功能使用。各引脚的功能定义如下:

P3.0:RXD(串行口输入);

P3.1:TXD(串行口输出);

P3.2:$\overline{\text{INT0}}$(外部中断 0 输入);

P3.3:$\overline{\text{INT1}}$(外部中断 1 输入);

P3.4:T0(定时/计数器 0 的外部输入);

P3.5:T1(定时/计数器 1 的外部输入);

P3.6:$\overline{\text{WR}}$(片外数据存储器"写"选通控制输出);

P3.7:$\overline{\text{RD}}$(片外数据存储器"读"选通控制输出)。

P3 口相应的口线处于第二功能,应满足的条件是:

(1) 串行 I/O 口处于运行状态(RXD,TXD);

（2）外部中断已经打开（$\overline{\text{INT0}}$、$\overline{\text{INT1}}$）；

（3）定时器/计数器处于外部计数状态（T0、T1）；

（4）执行读/写外部 RAM 的指令（$\overline{\text{RD}}$、$\overline{\text{WR}}$）。

作为输出功能的口线（如 TXD），由于该位的锁存器已自动置"1"，与非门对第二功能输出是畅通的，引脚的状态与第二功能输出是相同的。

作为输入功能的口线（如 RXD），由于此时该位的锁存器和第二功能输出线均为"1"，场效应管 T 截止，该口引脚处于高阻输入状态。引脚信号经输入缓冲器进入单片机内部的第二功能输入线。

2.6.5　并口驱动简单外设

1. 并口的负载能力

对于典型的单片机器件 AT89S52，每根口线最大可吸收 10 mA 的（灌）电流；但 P0 口所有引脚吸收电流的总和不能超过 26 mA，P1、P2 和 P3 口每个口吸收电流的总和限制在 15 mA，全部 4 个并口所有口线的吸收电流总和限制在 71 mA。

2. 驱动输出设备

（1）驱动发光二极管 LED

发光二极管（LED）是用半导体材料制成的具有 PN 结特性的发光器件，LED 是单片机应用系统中最常用的输出设备。应用形式有单个 LED、LED 阵列和 LED 数码管。

LED 具有 PN 结特性，但其正向电压与普通的二极管不同，如图 2-23 所示。LED 典型工作点为 1.75 V，10 mA。由于材料、尺寸、温度的不同，特性曲线有些差别。

LED 正向压降约为 1.75 V，与普通硅二极管的正向压降 0.7 V 有区别。场效应管 T 的导通压降与通过的电流有关，图 2-23 中取 0.45 V。

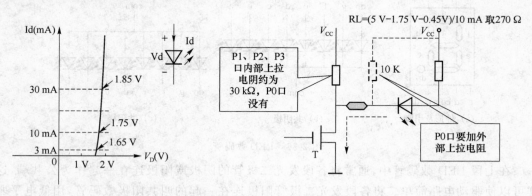

图 2-23　LED 特性及其灌电流驱动

考虑到单片机并口的结构，对于 LED 的驱动采用灌电流的方式。P1、P2 和 P3 口由于内部有上拉电阻，在它们的引脚上可以不接外部上拉电阻，但 P0 口内部没有上拉电阻，其引脚必须加外部上拉电阻。

对于单个 LED，限流电阻 R_L 的值为 270 Ω 时，LED 可以得到较好的亮度，但单根口线的负载能力达到了极限，接几个 LED 时将超过并口的负载能力。解决办法之一是加大限流电阻的阻值,这样亮度会变暗,但可以减小并口的负担;第二种办法是增加驱动器件。

驱动多个 LED 时,通常将 LED 接成共阴极或共阳极形式。对于要求不高的场合可以采用如图 2-24 所示的直接驱动方法,由于并口的驱动能力,LED 的亮度不够理想。

若有较高的亮度要求,可以在 LED 与单片机并口之间加入 74HC245 缓冲驱动器,如图 2-25 所示。

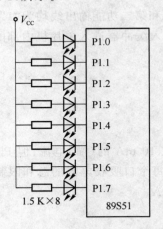

图 2-24　单片机并口直接驱动

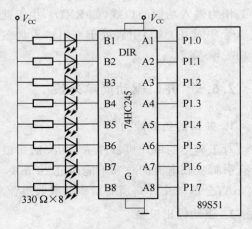

图 2-25　经缓冲器驱动

（2）驱动数码管

LED 数码管通常有 8 个发光二极管（7 个笔划段和 1 个小数点）组成,简称数码管。当某个发光二极管导通时,相应的一个笔画或一个点就发光。控制相应的二极管导通,就能显示出对应字符,如图 2-26 所示。

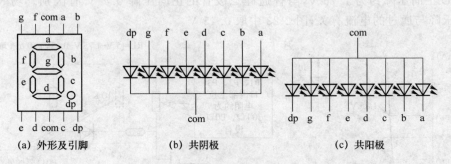

（a）外形及引脚　　　　（b）共阴极　　　　　（c）共阳极

图 2-26　LED 数码管

在七段 LED 数码管中,通常将各段发光二极管的阴极或阳极连在一起作为公共端,这样可以使驱动电路简单。将各段发光二极管阳极连在一起的叫共阳极数码管,用低电平驱动数码管各段的阴极,其 com 端接＋5 V;将阴极连在一起的叫共阴极数码管,用高电平驱动数码管各段的阳极,其 com 端接地。

数码管的两种驱动方式如图 2-27 所示。公共电阻限流方法接线比较简单,不同字符时各导通二极管电流不均衡,但发光差别并不明显;各路分别限流时,导通二极管电流相近、亮度相近,但接线麻烦、占印制电路板空间大。

要显示某字形就要使此字形的相应段点亮,也就是要送一个用不同电平组合的数据给数码管,这种装入数码管的数据编码称为字形码。

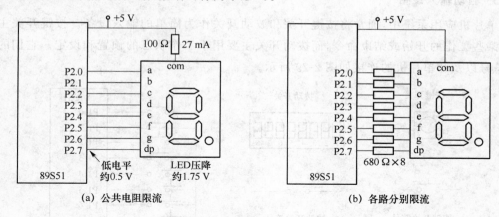

(a) 公共电阻限流　　　　　　　　　　　(b) 各路分别限流

图 2-27　数码管的两种驱动方式

若数据总线 D7～D0 与 dp、g、f、e、d、c、b、a 顺序对应相接,要想显示数字"8"时,共阴极数码管送 0111 1111B 至数据总线,即字形码为 7FH;而共阳极数码管送数据 1000 0000B 至数据总线,即字形码为 80H。常用字符的字形码如表 2-5 所示。

表 2-5　常用字符的字形码

字符	0	1	2	3	4	5	6	7	8	9	A	b	C	d	E	F	P	.	暗
共阴极	3F	06	5B	4F	66	6D	7D	07	7F	6F	77	7C	39	5E	79	71	73	80	00
共阳极	C0	F9	A4	B0	99	92	82	F8	80	90	88	83	C6	A1	86	8E	8C	7F	FF

注:表中字形码数据省略了十六进制的后缀 H。

(3) 驱动蜂鸣器

蜂鸣器是常用于单片机应用系统的电声转换器件,分为压电式和电磁式两种类型。单片机应用系统中常用的是电磁式蜂鸣器。电磁式蜂鸣器采用直流电压供电,接通电源后,流过电磁线圈的电流使电磁线圈产生磁场。振动膜片在电磁线圈和磁铁的相互作用下,周期性振动并发出声音。

电磁式蜂鸣器又可分为两种类型,一是有源蜂鸣器,内部含有音频震荡电路,直接接上额定电压就可以连续发声;二是无源蜂鸣器,工作时需接入音频方波,改变方波频率可以得到不同音调声音。两种蜂鸣器驱动电路相同,只是驱动程序不同。驱动电路如图 2-28所示。

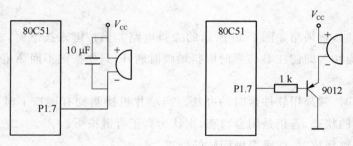

图 2-28　蜂鸣器驱动电路

3. 驱动输入设备

单片机应用系统中,通常将按键开关和波动开关作为简单的输入设备。按键开关主要用于某些工作的开始或结束命令,而拨动开关主要用于工作状态的预置和设定。它们的外形、符号以及和单片机的连接如图 2-29 所示。

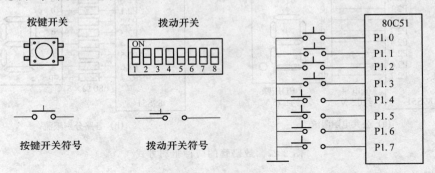

图 2-29　开关及与单片机的连接

拨动开关的闭合、断开一般是在系统没有上电的情况下进行设置,而按键开关是在系统已经上电工作中进行操作的。当按键按下时,相当于开关闭合;当按键松开时,相当于开关断开。按键在闭合和断开时,触点会存在抖动现象。抖动现象和去抖电路如图 2-30 所示。

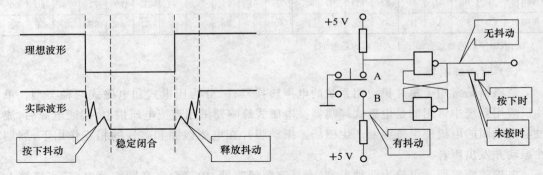

图 2-30　按键开关的抖动现象和去抖电路

按键的抖动时间一般为 5～10 ms,抖动可能造成一次按键的多次处理问题。应采取措施消除抖动的影响。消除办法有多种,如采用去抖电路或软件延时,通常采用软件延时 10 ms 的方法。

在按键较少时,常采用如图 2-30 所示的去抖电路。当按键未按下时,输出为"1";当按键按下时,输出为"0",即使在 B 位置时因抖动瞬时断开,只要按键不回 A 位置,输出就会仍保持为"0"状态。

当按键较多时,常采用软件延时的办法。当单片机检测到有键按下时,先延时 10 ms,然后再检测按键的状态,若仍是闭合状态,则认为真正有键按下。

当检测到按键释放时,亦需要做同样的处理。

本 章 小 结

　　MCS-51 是 Intel 公司生产的一个单片机系列名称。其他厂商以 8051 为基核开发出的 CHMOS 工艺单片机产品统称为 80C51 系列。80C51 单片机在功能上分为基本型和增强型，在制造工艺上采用 CHMOS 工艺。在片内程序存储器的配置上有掩模 ROM、EPROM 和 Flash、无片内程序存储器等形式。

　　80C51 单片机由微处理器、存储器、I/O 接口以及特殊功能寄存器 SFR 构成。

　　80C51 单片机的时钟信号有内部时钟和外部时钟两种方式。内部的各种微操作都以晶振周期为时序基准。晶振信号二分频后形成两相错开的节拍信号 P1 和 P2，十二分频后形成机器周期。一个机器周期包含 12 个晶振周期（或 6 个 S 状态）。指令的执行时间称作指令周期。

　　80C51 单片机存储器在物理上设计成程序存储器和数据存储器两个独立的空间。片内程序存储器容量为 4 KB，片内数据存储器为 128 字节。

　　80C51 单片机有 4 个 8 位的并行 I/O 口：P0 口、P1 口、P2 口和 P3 口。各口均由接口锁存器、输出驱动器和输入缓冲器组成。P1 口是唯一的单功能口，仅能作通用的数据输入/输出口；P3 口是双功能口，除具有数据输入/输出功能外，每一条接口线还具有不同的第二功能，如 P3.0 是串行输入口线，P3.1 是串行输出口线。在需要外部程序存储器、数据存储器扩展时，P0 口作为分时复用的低 8 位地址/数据总线，P2 口作为高 8 位地址总线。

　　单片机的复位操作使单片机进入初始化状态。复位后，PC 内容为 0000H，P0 口～P3 口内容均为 FFH，SP 内容为 07H，SBUF 内容不定，IP、IE 和 PCON 的有效位为 0，其余的特殊功能寄存器的内容均为 00H。

　　对于典型的单片机器件 AT 89S52，每根口线最大可吸收 10 mA 的（灌）电流；但 P0 口所有引脚吸收电流的总和不能超过 26 mA，P1、P2 和 P3 每个口吸收电流的总和限制在 15 mA，全部 4 个并口所有口线的吸收电流总和限制在 71 mA。

　　简单输出设备有 LED 二极管、LED 数码管及蜂鸣器等。用单片机驱动时除了考虑口线的负载能力，还要注意 P0 口上拉电阻的配置。

　　简单的输入设备有按键和拨动开关。对于按键开关，按键在闭合和断开时，触点会存在抖动现象。按键较少时可以采用硬件去抖电路，按键较多时采用软件延时消抖。

习　题

　　2-1　80C51 单片机在功能上、工艺上、程序存储器的配置上有哪些种类？

　　2-2　80C51 单片机存储器的组织采用何种结构？存储器地址空间如何划分？各地址空间的地址范围和容量如何？在使用上有何特点？

　　2-3　如果 80C51 单片机晶振频率为 12 MHz，时钟周期、机器周期为多少？

　　2-4　80C51 单片机的控制总线信号有哪些？各信号的作用如何？

2-5　80C51 单片机复位后的状态如何？复位方法有几种？

2-6　80C51 单片机的片内、片外存储器如何选择？

2-7　80C51 单片机的 PSW 寄存器各位标志的意义如何？

2-8　80C51 单片机的当前工作寄存器组如何选择？

2-9　80C51 单片机的程序存储器低端的几个特殊单元的用途如何？

2-10　80C51 单片机的 P0 ~ P3 口在结构上有何不同？在使用上有何特点？

2-11　判断下列说法是否正确

A. 程序计数器 PC 不能为用户编程时直接使用，因为它没有地址。

B. 内部 RAM 的位寻址区，只能供位寻址使用，而不能供字节寻址使用。

C. 8031 共有 21 个特殊功能寄存器，它们的位都是可以用软件设置的，因此，是可以进行位寻址的。

2-12　判断下列说法是否正确？

A. 在 MCS-51 中，为使准双向的 I/O 口工作在输入方式，必须保证它被事先预置为 1。

B. 单片机的主频越高，其运算速度越快。

C. 在 MCS-51 单片机中，1 个机器周期等于 1 μs。

D. 特殊功能寄存器 SP 内装的是栈顶首地址单元的内容。

第3章 MCS-51 的指令系统

学 习 目 标

（1）掌握指令的格式、指令的寻址方式、字节数以及执行时间。
（2）掌握指令的寻址方式。
（3）掌握具体的五大类指令。
（4）掌握指令的应用。

学 习 重 点 和 难 点

（1）指令的格式及寻址方式。
（2）具体的 111 条指令的熟练掌握。

一台计算机只有硬件是不能工作的，必须配备各种功能的软件才能发挥其运算、测控等功能，而软件中最基本的就是指令系统。不同类型的 CPU 有不同的指令系统，这一章将介绍 MCS-51 系列单片机汇编语言及其指令系统。

3.1 汇编指令系统概述

指令是 CPU 根据人的意图来执行某种操作的命令。一台计算机所能执行的全部指令集合称为这个 CPU 的指令系统。指令系统功能强弱在很大程度上决定了这类计算机智能的高低。MCS-51 单片机指令系统功能很强，例如，它有乘、除法指令，丰富的条件转移类指令，并且使用方便灵活。

要使计算机按照人的思维完成一项工作，就必须让 CPU 按顺序执行各种操作，即一步步的执行一条条的指令。这种按人的要求编排的指令操作序列称为程序。程序就好像一个日程表，将所要完成的工作一项一项列出来。编写程序的过程就称作程序设计。

机器语言用二进制编码表示每条指令，是计算机能直接识别和执行的语言。用机器语言编写的程序成为机器语言程序。MCS-51 单片机是 8 位机，其机器语言以 8 位二进制码为单位（称作一个字节）。但是机器语言编写程序不易记忆，不易查错，不易修改。为了克服上述缺点,可采用有一种特殊含义的符号来代替这些机器语言,即指令助记符来表示。一般都采用某些有关的英文单词的缩写,这样就出现了另一种程序语言——汇编语言。

汇编语言是用助记符、符号和数字来表示指令的程序语言,容易理解和记忆,它与机器语言指令是一一对应的。汇编语言不像高级语言那样通用性强,而是属于某种计算机所独有,它与计算机的内部硬件结构紧密相关,因此汇编语言的可移植性较差。用汇编语言编写的程序称为汇编语言程序。

例如,想要完成一个 10+20 的运算可以写成如下指令:

汇编语言程序	机器语言程序
MOV A,♯0AH	74 0AH
ADD A,♯14H	24 14H

以上两种程序语言都是低级语言。尽管汇编语言有不少优点,但它仍存在着机器语言的某些缺点:与 CPU 的硬件结构紧密相关,不同的 CPU 其汇编语言是不同的。这使得汇编语言程序不能移植,使用不便。

3.2 汇编语言的指令格式

指令的表示方法称为指令格式。MCS-51 汇编语言指令由操作码助记符字段和操作数字段两部分组成。指令格式如下:

操作码 [目的操作数],[源操作数]

例如:MOV A,♯00H

操作码部分规定了指令所实现的操作功能,用英文字母表示。例如,JB,MOV,JMP 等。

操作数部分指出了参与操作的数据来源和操作结果存放的目的单元。操作数可以直接是一个数(立即数),或者是一个数据所在的空间地址。操作码和操作数都有对应的二进制代码,指令代码由若干字节组成。

MCS-51 指令共 111 条,按指令在程序存储器所占的字节数来分,可分为以下三种:

(1) 单字节指令 49 条;

(2) 双字节指令 45 条;

(3) 三字节指令 17 条。

按执行时间来分,可以分为以下三种:

(1) 单周期指令 64 条;

(2) 双周期指令 45 条;

(3) 只有乘除指令执行的时间为 4 个机器周期。

3.3 指令系统的寻址方式

所谓寻址方式,通常是指寻找操作数的方法,或者说通过什么方式找到操作数。寻址方式是否灵活方便是衡量一个指令系统好坏的重要指标。MCS-51 单片机有立即寻址、寄存器寻址、寄存器间接寻址、直接寻址、基址加变址寻址、相对寻址和位寻址七种寻址方式。

1. 立即寻址

立即寻址方式（也称立即数寻址）是直接在指令中给出操作数。出现在指令中的操作数也称立即数。为了与直接地址加以区别，需要在操作数前面加前缀标志"♯"。例如指令：

MOV　A,♯05H

表示把立即数 05H 送给 A。该指令是双字节，第一个字节是操作码，第二个字节是立即数本身。因此，立即数就是放在程序存储器内的常数。

2. 寄存器寻址

寄存器寻址方式就是指令中的操作数为某一寄存器的内容。例如：

MOV　A,R0

该指令的功能是把寄存器 R0 的内容传送到累加器 ACC 中，如 R0 的内容为 30H，则执行该指令后 A 的内容也为 30H，如图 3-1 所示。

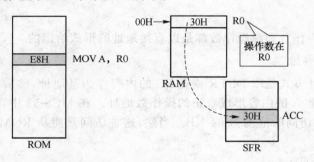

图 3-1　执行指令 MOV　A,R0 的示意图

可用于寄存器寻址的寄存器有：

（1）4 组通用工作寄存器区共 32 个工作寄存器。但只对当前工作寄存器区的 8 个工作寄存器寻址，因此指令中的寄存器名称只能是 R0～R7。

（2）部分特殊功能寄存器，如累加器 A，寄存器 B，以及数据指针寄存器 DPTR 等。

3. 寄存器间接寻址

前面所述的寄存器寻址是在寄存器中存放的是操作数，而寄存器间接寻址方式在寄存器中存放的是操作数的地址，即先从寄存器中找到操作数的地址，再按该地址找到操作数。由于操作数是通过寄存器间接得到的，因此称为寄存器间接寻址。

为了区别寄存器寻址和寄存器间接寻址，在寄存器间接寻址方式中，应在寄存器名称前面加前缀标志"@"，例如指令：

MOV　A,@R0

其中，R0 的内容为 30H，即从 R0 中找到源操作数所在单元的地址 30H，然后把内部 RAM 中 30H 地址单元的内容 5AH 传送到 ACC 中，如图 3-2 所示。

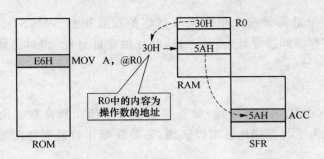

图 3-2　执行指令 MOV A,@R0 指令示意图

4. 直接寻址

在直接寻址方式中,指令中直接给出操作数的单元地址,该单元地址中的内容就是操作数直接的操作数单元地址,用"direct"表示。例如指令:

MOV　A,direct

指令中的"direct"就是操作数的单元地址,例如:

MOV　A,50H

表示把内部 RAM 50H 单元的内容传送到 A。指令中源操作数采用的是直接寻址方式。又如:

MOV　50H,60H

该指令中目的操作数和源操作数都是以直接地址的形式给出的。

5. 基址加变址寻址

基址加变址寻址方式是以 DPTR 或者 PC 的内容作为基地址,然后在这个基地址的基础上加上地址偏移量 A 的内容形成真正的操作数地址。在 MCS-51 中,用变址寻址方式只能访问程序存储器,访问的范围为 64 KB。当然,这种访问只能从 ROM 中读出数据,而不能写入。例如:

MOVC　A,@A+DPTR

其中,A 的原有内容为 03H;DPTR 的内容为 1000H,则该指令访问的结果是把 ROM 中 1003H 单元的内容传送给 A。

该寻址方式指令只有 3 条:

MOVC　A,@A+DPTR

MOVC　A,@A+PC

JMP　@A+DPTR

前两条指令用来读取程序存储器中的数据(查表指令),例如,读取建立在程序存储器中的常数和表格。第三条指令为散转指令,执行该指令,可根据 A 中的不同内容,来实现跳向不同程序入口的跳转。

6. 相对寻址

相对寻址只出现在相对转移指令中。相对转移指令执行时,是以当前的 PC 值加上指令中规定的偏移量 rel 而形成实际的转移地址。这里所说的 PC 值是执行完相对转移指令后的 PC 值。一般将相对转移指令操作码所在地址称为源地址,转以后的地址称为目的地址。于是有:

$$目的地址＝源地址＋相对转移指令字节数＋rel$$

其中,偏移量 rel 是单字节的带符号的 8 位二进制补码数。它所能表示的数的范围是－128～＋127。因此,程序转移的范围是转移指令的下一条指令首地址为基准地址,相对偏移在－128～＋127 单元之间。

7. 位寻址

采用位寻址方式的指令操作数是 8 位二进制数中的某一位。指令中给出的是位地址,即片内 RAM 某一单元中的一位。位地址在指令中用 bit 表示。例如:

SETB bit

51 单片机片内有两个区域可以位寻址:一个是 RAM 中 20H～2FH 的 16 个单元共128 位的位地址(00H～7FH);另一个是特殊功能寄存器区中的可以直接位寻址的寄存器。

由于 MCS-51 单片机具有位处理功能,可直接对数据位实现置 1、清 0、取反、传送、判跳转和逻辑运算等操作,为测控系统的应用提供了最佳代码和速度,大大增加了实时性。

3.4　MCS-51 指令系统分类介绍

MCS-51 指令系统共有 111 条指令按功能分类,可分为下面五大类:

(1) 数据传送类:29 条;

(2) 算术运算类:24 条;

(3) 逻辑操作类:24 条;

(4) 控制转移类:17 条;

(5) 位操作类:17 条。

在介绍具体的指令之前,先介绍一下描述指令的一些符号:

Rn:当前选中的工作寄存器区的 8 个工作寄存器 R0～R7($n＝0～7$)。

Ri:当前选中的工作寄存器区中作为寄存器间接寻址的两个寄存器 R0、R1($i＝0,1$)。

direct:直接地址,即 8 位内部数据存储器的字节地址,或特殊功能寄存器的地址(即RAM 中的所有字节,SFR 中的所有字节)。

＃data:包含在指令中的 8 位立即数。

＃data16:包含在指令中的 16 位立即数。

rel:相对转移指令中的偏移量,为 8 位的带符号补码(－128～＋127)。

DPTR:数据指针,可用作 16 位数据存储器单元地址的寄存器。

bit:内部 RAM 或特殊功能寄存器中的直接寻址位(即 RAM 中 20H～2FH 字节中的所有位地址,SFR 中的位地址,例如:(20H).4 或者 PSW.5 或者 50H)。

C 或 Cy:进位标志位或位处理机中的累加器。

addr11:11 位目的地址。

addr16:16 位目的地址。

@:间接寻址寄存器前缀,如@Ri,@A＋DPTR。

(X):表示 X 地址单元或寄存器中的内容。

((X)):表示以 X 单元或寄存器中的内容为地址间接寻址单元的内容。

3.4.1 数据传送类指令

CPU 在进行算术和逻辑运算时,总需要有操作数。所以,数据的传送是一种最基本、最主要的操作。在通常的应用程序中,传送指令占有很大的比例。MCS-51 为用户提供了极其丰富的数据传送指令,功能很强。所谓"传送"是把源地址单元的内容传送到目的地址单元中,而源地址单元内容不变;或者源、目的单元内容互换。

数据传送类指令是编程时使用最频繁的一类指令。一般数据传送类指令的助记符为"MOV"。通用格式如下:

    MOV [目的操作数],[源操作数]

数据传送类指令不影响标志位,这里所说的标志位是指 Cy、Ac、OV,但不包括检验累加器的奇偶标志位 P。

1. 以累加器为目的操作数的指令

```
MOV   A,Rn          ;(Rn)→A,n = 0～7
MOV   A,@Ri         ;((Ri))→A,i = 0,1
MOV   A,direct      ;(direct)→A
MOV   A,♯data       ;♯data→A
```

这组指令的功能是把源操作数的内容送入累加器 A,源操作数的内容不变。源操作数可以是寄存器、直接地址、间接地址和立即数。例如指令:

```
MOV   A,R4          ;(R4)→A,寄存器寻址
MOV   A,@R0         ;((R0))→A,寄存器间接寻址
MOV   A,60H         ;(60H)→A,直接寻址
MOV   A,♯20H        ;20H→A,立即数寻址
```

2. 以 Rn 为目的操作数的指令

```
MOV   Rn,A          ;(A)→Rn,n = 0～7
MOV   Rn,direct     ;(direct)→Rn,n = 0～7
MOV   Rn,♯data      ;♯data→Rn,n = 0～7
```

这组指令的功能是把源操作数的内容送入当前工作寄存器区的 R0～R7 中的某一个工作寄存器。例如:

(A)=42H,执行指令 MOV R0,A 后,R0 的内容为 42H。

3. 以直接地址 direct 为目的操作数的指令

```
MOV   direct,A        ;(A)→direct
MOV   direct,Rn       ;(Rn)→direct
MOV   direct,@Ri      ;((Ri))→direct,i = 0,1
MOV   direct1,direct2 ;(direct2)→(direct1)
MOV   direct,♯data    ;♯data→direct
```

这组指令的功能是把源操作数的内容送入直接地址单元。direct 指的是内部 RAM 或 SFR 地址。例如:

(43H)=12H,执行指令 MOV 20H,43H 后 20H 单元的内容为 12H。

4. 以寄存器间接地址为目的操作数的指令

```
MOV   @Ri,A              ;(A)→((Ri)),i = 0,1
MOV   @Ri,direct         ;(direct)→((Ri)),i = 0,1
MOV   @Ri,#data          ;#data→((Ri)),i = 0,1
```

这组指令的功能是把源操作数内容送入 R0 或 R1 指定的存储单元中,例如:
(A)=12H,(R0)=30H,执行指令 MOV @R0,A 后结果为 RAM 中(30H)=12H;
MOV@R0,A 在该条件下相当于 MOV 30H,A。

MOV 指令在片内存储器的操作功能如图 3-3 所示。

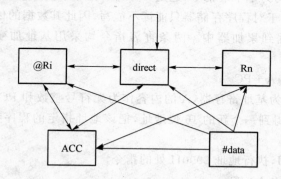

图 3-3　传送指令在片内存储器的操作功能

5. 16 位数据传送指令

```
MOV DPTR,#data16
```

这是唯一的 16 位立即数传送指令,其功能是把 16 位常数送入 DPTR。DPTR 由 DPH 和 DPL 组成。这条指令执行的结果是,将高 8 位立即数 dataH 送入 DPH,低 8 位立即数 dataL 送入 DPL。在译成机器码时,也是高位字节在前,低位字节在后。如"MOV   DPTR, #1234H",执行结果为(DPH)=12H,(DPL)=34H。

6. 堆栈操作指令

在 MCS-51 的内部 RAM 中可设定一个后进先出的区域,称为堆栈。堆栈的主要作用就是保护现场、保护断点。在特殊功能寄存器中有一个堆栈指针 SP,它指定堆栈的栈顶位置。堆栈操作有进栈和出栈两种,因此,在指令系统中相应有两条堆栈操作指令。

(1) 进栈指令

```
PUSH  direct
```

这条指令的功能是,首先将堆栈指针 SP 加 1,然后把 direct 中的内容送到堆栈指针 SP 所指的内部 RAM 单元中。

例如:当(SP)=60H,(A)=12H,(B)=34H,执行下列指令:

```
PUSH  ACC              ;(SP) + 1 = 61H→SP,(A)→61H
PUSH  B                ;(SP) + 1 = 62H→SP,(B)→62H
```

结果为(61H)=12H,　　(62H)=34H,　　(SP)=62H

(2) 出栈指令

```
POP   direct
```

这条指令的功能是,将堆栈指针 SP 指示的栈顶内容送到 direct 字节单元中,堆栈指针 SP 减 1。

例如:当(SP)=62H,(62H)=12H,(61H)=34H,执行下列指令:

```
POP  ACC              ;((SP))→A,(SP)-1→SP
POP  PSW              ;((SP))→PSW,(SP)-1→SP
```

结果为(A)=12H,(PSW)=34H,(SP)=60H。

7. 查表指令

这类指令共两条,均为单字节指令,这是 MCS-51 指令系统中仅有的两条读程序存储器中表格数据的指令。由于对程序存储器只能读不能写,因此其数据的传送都是单向的,即从程序存储器中读出数据到累加器中。两条查表指令均采用基址加变址寄存器间接寻址方式。

(1) MOVC A,@A+PC

这条指令以 PC 作为基址寄存器,A 的内容作为无符号整数和 PC 的当前值(下一条指令的起始地址)相加后得到一个新的 16 位地址,把该地址指定的程序存储单元的内容送到累加器 A。

例如:当(A)=06H,执行地址 2000H 处的指令

```
2000H:MOVC  A,@A+PC
```

该指令占用一个字节,下一条指令的地址为 2001H,(PC)=2001H,再加上 A 中的 06H,得到 2007H,结果是将程序存储器中的 2007H 的内容送入累加器 A。

这条指令的优点是不改变特殊功能寄存器及 PC 的状态,根据 A 的内容就可以取出表格中的常数。缺点是表格只能存放在该条查表指令所在地址的+256 个单元之内,表格的大小受限制,而且表格只能被一段程序所利用。

(2) MOVC A,@A+DPTR

这条指令以 DPTR 作为基址寄存器,A 的内容作为无符号数和 DPTR 的内容相加得到一个 16 位地址,把由该地址指定的程序存储器单元的内容送到累加器 A。

例如:(DPTR)=2000H,(A)=06H,执行指令

```
MOVC  A,@A+DPTR
```

结果是将程序存储器中 2006H 单元内容送入累加器 A 中。

这条查表指令的执行结果只与指针 DPTR 及累加器 A 的内容有关,与该指令存放的地址及常数表格存放的地址无关,因此,表格的大小位置可以在 64 KB 程序存储器空间中的任意位置。一个表格可以为各个程序块公用。

上述两条指令的助记符都是在 MOV 的后面加"C","C"是 CODE 的第一个字母,即表示程序存储器中的代码。执行上述两条指令时,单片机的$\overline{\text{PSEN}}$引脚信号有效。

8. 累加器 A 与片外 RAM 传送指令

在 51 指令系统中,CPU 对片外 RAM 的访问只能用寄存器间接寻址的方式,并且只能通过累加器 A 访问,指令只有四条:

```
MOVX  A,@Ri          ;((Ri))→A
MOVX  A,@DPTR         ;((DPTR))→A
```

```
MOVX  @Ri,A            ;A→((Ri))
MOVX  @DPTR,A          ;A→((DPTR))
```

第 2,4 两条指令以 DPTR 为片外数据存储器 16 位地址指针,寻址范围达 64 KB。其功能是在 DPTR 所指定的片外数据存储器与累加器 A 之间传送数据。

第 1,3 条指令是用 R0 或 R1 作低 8 位地址指针,高 8 位也可由 P2 口送出,此时,可寻址范围达 64 KB。

这两条指令完成以 R0 或 R1 为地址指针的片外数据存储器与累加器 A 之间的数据传送。

若片外数据存储器的地址空间上有 I/O 接口,则上述 4 条指令就是 MCS-51 的输入/输出指令。MCS-51 没有专门的输出指令,它只能用这种方式与外部设备打交道。

9. 字节交换指令

```
XCH  A,Rn
XCH  A,@Ri
XCH  A,direct
```

这组指令的功能是将累加器 A 中的内容与源操作数的内容进行互换,例如:

(R0)=80H,(A)=20H,执行指令 XCH A,R0 后,(A)=80H,(R0)=20H,如图 3-4 所示。

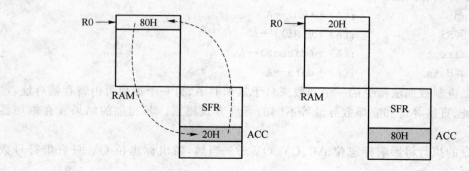

图 3-4　指令 XCH A,R0 示意图

10. 半字节交换指令

```
XCHD  A,@Ri
```

该指令的功能是将 Ri 间接寻址的单元内容与累加器 A 中内容的低 4 位互换,高 4 位内容不变。该操作只影响标志位 P。例如:

(R0)=30H,(30H)=67H,(A)=20H,执行指令 XCHD A,@R0 后,(A)=27H,(30H)=60H。

11. 累加器半字节交换指令

```
SWAP  A
```

该指令的功能是将累加器 A 的高 4 位和低 4 位互换。

例如:(A)=56H,执行指令 SWAP A,结果(A)=65H。

3.4.2 算术运算类指令

MCS-51 算术运算指令包括加、减、乘、除基本四则运算,这类指令多数以 A 为目的操作数。算术运算指令都是针对 8 位二进制无符号数的,如要进行带符号或多字节二进制数运算,需编写具体的运算程序,通过执行程序实现。

算术运算结果将使进位标志位 CY、半进位 AC、溢出位 OV 三个标志位置位或清零,只有加 1 和减 1 指令不影响这些标志位,如表 3-1 所示。

表 3-1 算术运算指令对状态标志位的影响

标志 \ 指令	ADD、ADDC、SUBB	DA	MUL	DIV
CY	√	√	0	0
AC	√	√	×	×
OV	√	×	√	√
P	√	√	√	√

(其中:√表示有影响,×表示无影响,0表示清零)

1. 加法指令

加法指令一共有四条:

```
ADD   A,Rn              ;(A)+(Rn)→A
ADD   A,@Ri             ;(A)+((Ri))→A
ADD   A,direct          ;(A)+(direct)→A
ADD   A,#data           ;(A)+data→A
```

这 4 条二进制数加法指令的一个加数来自于累加器 A,另一个加数可由寄存器寻址、寄存器间接寻址、直接寻址和立即数寻址等不同的寻址方式得到。其相加的结果放在累加器 A 中。

上述指令的执行将影响标志位 AC、CY、OV、P。当然,溢出标志位 OV 只有带符号数运算时才有用。

【例 3-1】 设(A)=0C3H,(R0)=0AAH,执行指令 ADD   A,R0

$$
\begin{array}{r}
(A):\ 1100\ \ 0011 \\
+\ (R0):\ 1010\ \ 1010 \\
\hline
1\quad 0110\ \ 1101
\end{array}
$$

所得和为 6DH,标志位 CY=1,AC=0,P=1,OV=1,溢出标志 OV 在 CPU 内部根据异或门输出置位,OV=C7+C6=1。

2. 带进位加法指令

带进位加法指令也有四条:

```
ADDC   A,Rn            ;(A)+(Rn)+CY→A
ADDC   A,@Ri           ;(A)+((Ri))+CY→A
ADDC   A,direct        ;(A)+(direct)+CY→A
ADDC   A,#data         ;(A)+data+CY→A
```

这组指令的功能是同时把源操作数所指出的内容和进位标志位 CY 都加到累加器 A

中,结果存放在 A 中,其余的功能和上面 ADD 指令相同。同样,本指令将影响标志位 AC,CY,OV,P。

本指令常用于多字节加法。

【例 3-2】　设(A)=85H,(20H)=0FFH,CY=1,执行指令

　　ADD　A,20H

$$
\begin{array}{r}
(A): 1000\quad 0101 \\
+\quad (R0): 1111\quad 1111 \\
1 \\
\hline
1000\quad 0101
\end{array}
$$

所得和为 85H,标志位 CY=1,AC=1,OV=0,P=1。

3. 增 1 指令

共有五条增 1 指令:

```
INC   A
INC   Rn              ;n = 0~7
INC   direct
INC   @Ri            ;i = 0,1
INC   DPTR
```

这组指令的功能是将操作数所指定的单元内容加 1,其操作不影响 PSW。若原单元内容为 FFH,加 1 后溢出为 00H,也不会影响 PSW。

4. 十进制调整指令

```
DA   A
```

该指令的功能是对累加器 A 中刚进行的两个 BCD 码的加法结果进行十进制调整。

两个压缩的 BCD 码按二进制相加后,必须经过调整才能得到正确的压缩 BCD 码的和。对于十进制数(BCD 码)的加法运算,只能借助于二进制加法指令。然而,二进制数的加法运算原则上并不能适应于十进制数的加法运算,有时会产生错误结果。如:

3+4=7

$$
\begin{array}{r}
0011 \\
+0100 \\
\hline
0111
\end{array}
$$
　0111 是 7 的 BCD 码,结果正确。

又如:

6+8=14

$$
\begin{array}{r}
0110 \\
+1000 \\
\hline
1110
\end{array}
$$
　而 1110 并非 14 的 BCD 码,出现错误。(14 的 BCD 码是0001 0100B)所以需要进行十进制调整,调整要完成的任务是:

(1) 当累加器 A 中的低 4 位数出现了非 BCD 码(1010~1111)或低 4 位产生进位(AC=1)时,则应在低 4 位加 6 调整,以产生低 4 位正确的 BCD 结果。

(2) 当累加器 A 中的高 4 位数出现了非 BCD 码(1010~1111)或高 4 位产生进位(CY=1)时,则应在高 4 位加 6 调整,以产生高 4 位正确的 BCD 结果。

十进制调整指令执行后,PSW 中的 CY 表示结果的百位值。

【例 3-3】 (A)=67H,(R3)=78H,把他们看作压缩 BCD 数,进行 BCD 加法,执行指令:

ADD   A,R3
DA   A

```
        0110   0111
  +     0111   1000
        1101   1111
  +     0110   0110
      1 0100   0101
```

结果为:A=45H ,C=1。由此可见,结果是正确的。

3.4.3 逻辑操作类指令

逻辑操作包括与、或、异或、清零、求反、移位等操作。这类指令的操作数都是 8 位,共 25 条逻辑操作指令。

1. 累加器 A 清零指令

CLR   A
该指令的功能是将累加器 A 的内容清零,不影响 CY、AC、OV 等标志位。

2. 累加器 A 求反指令

CPL   A
该指令的功能是将累加器 A 的内容进行求反操作,不影响 CY、AC、OV 等标志位。

3. 累加器 A 循环左移指令

RL   A
该指令功能是将累加器 A 的内容向左循环移动一位,最高位移入最低位。

4. 累加器 A 循环右移指令

RR   A
该指令功能是将累加器 A 的内容向右循环移动一位,最低位移入最高位。

5. 带进位循环左移指令

RLC   A
该指令功能是将累加器 A 的内容连同进位标志位 CY 一起向左循环移一位,ACC.7 移入 CY,CY 移入 ACC.0。

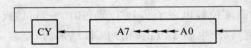

6. 带进位循环右移指令

RRC　A

该指令功能是将累加器 A 的内容连同进位标志位 CY 一起向右循环移一位,ACC.0 移入 CY,CY 移入 ACC.7。

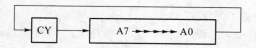

【例 3-4】　无符号二进制数(A)=10101100B,CY=0。

执行指令 RLC　A 的结果为 A=01011000,CY=1。

7. 逻辑"与"指令

ANL　A,♯data;

ANL　A,direct;

ANL　A,Rn;

ANL　A,@Ri;

ANL　direct,♯data

ANL　direct,A

这组指令中的前四条指令是将累加器 A 中的内容和源操作数所指的内容按位进行逻辑"与",结果存放在 A 中。

后两条指令是将直接地址单元中的内容和源操作数所指的内容按位进行逻辑"与",结果存入直接地址单元中。

【例 3-5】　(A)=85H,(40H)=7FH,执行指令

ANL　A,40H

$$
\begin{array}{r}
10000101 \\
\wedge)\quad 01111111 \\
\hline
00000101
\end{array}
$$

结果为(A)=05H。

8. 逻辑"或"指令

ORL　A,♯data;

ORL　A,direct;

ORL　A,Rn;

ORL　A,@Ri;

ORL　direct,♯data

ORL　direct,A

这组指令中的前四条指令是将累加器 A 中的内容和源操作数所指的内容按位进行逻辑"或",结果存放在 A 中。

后两条指令是将直接地址单元中的内容和源操作数所指的内容按位进行逻辑"或",结果存入直接地址单元中。

【例 3-6】 (A)=76H,R5=8AH,执行指令

ORL A,R5

$$
\begin{array}{r}
01110110 \\
\lor)\ \ 10001010 \\
\hline
11111110
\end{array}
$$

结果为(A)=FEH。

9. 逻辑"异或"指令

XRL A,#data;

XRL A,direct;

XRL A,Rn;

XRL A,@Ri;

XRL direct,#data;

XRL direct,A;

这组指令中的前四条指令是将累加器 A 中的内容和源操作数所指的内容按位进行逻辑"异或",结果存放在 A 中。

后两条指令是将直接地址单元中的内容和源操作数所指的内容按位进行逻辑"异或",结果存入直接地址单元中。

【例 3-7】 (A)=56H,R2=77H,执行指令

XRL A,R2

$$
\begin{array}{r}
01010110 \\
\oplus)\ \ 01110111 \\
\hline
00100001
\end{array}
$$

结果为(A)=21H。

3.4.4 控制转移类指令

这一类指令的功能是改变指令的执行顺序,转到指令指示新的 PC 地址执行。修改 PC 的方式有直接修改 16 位地址或 11 位地址,或将当前 PC 加一个单字节有符号数。MCS-51 单片机的控制转移指令有以下类型:

无条件转移:无须判断,执行该指令就转移到目的地址。

条件转移:需判断是否满足转移条件,满足则转移到目的地址;否则顺序执行。

绝对转移:转移的目的地址用绝对地址指示,通常为无条件转移。

相对转移:转移的目的地址用相对于当前 PC 的偏差(偏移量)指示,通常为条件转移。

长转移或长调用:目的地址距当前 PC 64KB 地址范围内。

短转移或短调用:目的地址距当前 PC 2KB 地址范围。

1. 无条件转移指令

(1) 绝对转移

AJMP addr11   //addr11→PC0～10

这条指令提供 11 位地址,可在 2 KB 范围内无条件转移到由 a10～a0 所指出的地址单元中去。因为指令只提供低 11 位地址,高 5 位为原 PC11～PC15 位的值,因此,转移的目的地址

必须在 AJMP 指令的第一个字节开始的同一 2 KB 范围内,也就是该指令转移范围为 2 KB。

（2）长转移

LJMP　addr16　　　　　;addr16→PC0~15

本指令为 64 KB 程序存储空间的全范围转移指令。转移地址可为 16 位地址中的任意值,本指令为 3 字节指令。指令提供 16 位目标地址,将指令的第二、第三字节地址码分别装入 PC 的高 8 位和低 8 位中,程序无条件转向指令的目标地址去执行。

（3）相对转移（短转移）指令

SJMP　rel　　　　　　;PC+2+rel→PC

该指令为双字节指令,执行本指令时,当前 PC+2+rel。rel 为转移的偏移量,转移可以向前转（目的地址小于源地址）,也可以向后转（目的地址大于源地址）,因此偏移量 rel 是 1 字节有符号数,用补码表示（−128~+127）。在用汇编语言编写程序时,rel 可以是一个转移目的地址标号,由汇编程序在汇编过程中自动计算偏移地址。在手工汇编时,可用转移目的地址减转移指令所在源地址,再减转移指令字节数 2 得到偏移字节数 rel。

（4）间接转移（散转指令）

JMP　@A+DPTR　　　;A+DPTR→PC

该指令的转移地址由数据指针 DPTR 的 16 位数和累加器 A 的 8 位数进行无符号相加形成,并直接送入 PC。指令执行过程对 DPTR,A 和标志位均无影响。这条指令具有散转功能,又称散转指令。

如 A=02H,DPTR=2000H,指令 JMP　@A+DPTR 执行后,PC=2002H。也就是说,程序转移到 2002H 地址单元去执行。

【例 3-8】　现有一段程序如下:

```
            MOV   DPTR,＃TABLE
            JMP   @A+DPTR
TABLE:AJMP   PROC0
      AJMP   PROC1
      AJMP   PROC2
      AJMP   PROC2
```

根据 JMP　@A+DPTR 指令的操作可知,

当 A=00H 时,程序转入到地址 PROC0 处执行;

当 A=02H 时,转到 PROC1 处执行……

可见这是一段多路转移程序,进入的路数由 A 确定。因为 AJMP 指令是 2 字节指令,所以 A 必须为偶数。

2. 条件转移指令

（1）累加器判零转移指令

JZ　　rel　　　　　　;A=0 则转移,否则顺次执行

JNZ　　rel　　　　　;A≠0 则转移,否则顺次执行

（2）减 1 不为零转移指令

DJNZ　Rn,rel

DJNZ　direct,rel

这组指令将源操作数(Rn 或 direct)先减 1,如果结果不为 0 则转移到目标地址。本指令允许把寄存器 Rn 或 direct 单元用作程序循环计数器。

这两条指令主要用于控制程序循环。如预先把寄存器 Rn 或内部 RAM 的 direct 单元装入循环次数,则利用本指令,以减 1 后是否为 0 作为转移条件,即可实现按次数循环控制。

（3）比较不相等转移指令

CJNE A,direct,rel

CJNE A,#data,rel

CJNE Rn,#data,rel

CJNE @Ri,#data,rel

这组指令的功能是对目的操作数和源操作数的内容进行比较,若他们的值不相等,则转移。在 PC 加到下一条指令的起始地址后,把指令最后一个字节的带符号的相对偏移量加到 PC 上,并计算出转向的目的地址。如果第一操作数小于第二操作数,则进位标志位 CY 置 1;否则 CY 清 0。该指令的执行不影响任何一个操作数的内容。

3. 调用及返回指令

（1）长调用指令

    LCALL addrl16 ;addr16→PC0~15

该指令可以调用 64 KB 范围内程序存储器中的任何一个子程序。指令执行时将本指令的下一条指令的首地址压入堆栈,以进行断点保护。子程序的入口地址 addr16 送 PC,转子程序执行,本指令的机器码为三字节。

（2）短调用指令

    ACALL addr11 ;addr11→PC0~10

该指令的功能与 AJMP 指令类似,是为了与 MCS-48 中的 CALL 指令兼容而设置的。指令执行时先把 PC 加 2,获得下一条指令的首地址,把该地址压入堆栈保护,即 SP+2。然后把 PC 的高 5 位和指令代码中的 11 位地址连接获得 16 位的子程序入口地址,并送入 PC,转向执行子程序。所调用的子程序地址必须与 ACALL 指令下一条指令的 16 位首地址中的高 5 位地址相同;否则将引起程序转移混乱。所以本指令是 2 KB 范围内的子程序调用指令。

（3）子程序返回指令

RET

执行本指令时:(SP)→PCH,然后(SP)-1→SP

　　　　　　　(SP)→PCL,然后(SP)-1→SP

这条指令的功能是,从堆栈中退出 PC 的高 8 位和低 8 位字节,把堆栈指针减 2,从 PC 值处开始继续执行程序。

（4）中断子程序返回指令

RETI

该指令和 RET 指令类似,不同之处在于该指令还要清除在中断响应时被置 1 的 MCS-51 内部中断优先级状态触发器,并用来从中断服务程序返回主程序。

4. 空操作指令

NOP

CPU 不进行任何实际操作,除 PC 加 1 外,不影响其他寄存器和标志位。该指令常用来产生一个机器周期的延时。

3.4.5　位操作指令

MCS-51 单片机的特色之一就是具有丰富的位处理功能,以进位标志 CY 为位累加器 C,使得开关量控制系统的设计变得十分方便。

在程序中位地址的表达有多种方式:

(1) 用直接位地址表示,如 D4H。

(2) 用"·"操作符号表示,如 PSW.4 或 D0H.4

(3) 用位名称表示,如 RS1。

(4) 用用户自定义名表示。如 ABC BIT D4H,其中 ABC 定义为 D4H 位的位名,BIT 为位定义伪指令。以上各例均表示 PSW.4 的 RS1 位。

位操作类指令的对象是 C 和直接位地址,由于 C 是位累加器,所以位的逻辑运算指令目的操作数只能是 C,这就是位操作指令的特点。下面将位操作的 17 条指令介绍如下。

1. 位清零指令

```
CLR   C                ;0→CY
CLR   bit              ;0→bit
```

2. 位置 1 指令

```
SETB   C               ;1→CY
SETB   bit             ;1→bit
```

3. 位取反指令

CPL   C $;\overline{(CY)}\rightarrow CY$

CPL   bit $;\overline{(bit)}\rightarrow bit$

4. 位传送指令

```
MOV   C,bit            ;(bit)→CY
MOV   bit,C            ;(CY)→bit
```

5. 位逻辑"与"指令

ANL   C,bit $;CY \wedge (bit)\rightarrow CY$

ANL   C,/bit $;CY \wedge \overline{(bit)}\rightarrow CY$

6. 位逻辑"或"指令

ORL   C,bit $;CY \vee (bit)\rightarrow CY$

ORL   C,/bit $;CY \vee \overline{(bit)}\rightarrow CY$

7. 位转移指令

```
JC    rel             ;CY = 1,则转移,否则程序顺序执行
JNC   rel             ;CY = 0,则转移,否则程序顺序执行
JB  bit,rel           ;(bit) = 1,则转移,否则程序顺序执行
JNB  bit,rel          ;(bit) = 0,则转移,否则程序顺序执行
JBC   bit,rel         ;(bit) = 1,则转移,且该位清零;否则程序顺序执行
```

3.5 MCS-51 指令汇总

以上几节内容介绍了具体的指令周期和长度以及指令的使用方法,由于指令条数较多,不宜死记硬背,应在程序的编写中多加练习,在实践中不断掌握和巩固常用的指令。读者应能熟练的查阅表 3-2,正确理解指令的功能及特性,并正确使用。

表 3-2 指令汇总

助记符	说　　　明	字节数	执行时间	指令代码(机器码)
MOV A,Rn	寄存器内容传送到累加器 A	1	1	E8H~EFH
MOV A,direct	直接寻址字节传送到累加器	2	1	E5H,direct
MOV A,♯Ri	间接寻址 RAM 传送到累加器	1	1	E6H~E7H
MOV A,♯data	立即数传送到累加器	2	1	74H,data
MOV Rn,A	累加器内容传送到寄存器	1	1	F8H~FFH
MOV Rn,direct	直接寻址字节传送到寄存器	2	2	A8H~AFH,direct
MOV Rn,♯data	立即数传送到寄存器	2	1	78H~7FH,data
MOV direct,A	累加器内容传送到直接地址	2	1	F5H,direct
MOV direct,Rn	寄存器内容传送到直接地址	2	2	88H~8FH,direct
MOV direct1,direct2	直接地址 1 传送到直接地址 2	3	2	85H,direct2,direct1
MOV direct,@Ri	间接地址传送到直接地址	2	2	86H~87H,direct
MOV direct,♯data	立即数传送到直接地址	3	2	75H,direct,data
MOV @Ri,A	累加器内容传送到间接地址	1	1	F6H~F7H
MOV @Ri,direct	直接地址内容传送到间接地址	2	2	A6H~A7H,direct
MOV @Ri,♯data	立即数内容传送到间接地址	2	1	76H~77H,data
MOV DPTR,♯data16	16 位立即数传送到 DPTR	3	2	90H,dataH,dataL
MOVC A,@A+DPTR	查表将程序存储器内容送到 A	1	2	93H
MOVC A,@A+PC	查表将程序存储器内容送到 A	1	2	83H
MOVX A,@Ri	外部 RAM 内容传送到 A	1	2	E2H~E3H
MOVX A,@DPTR	外部 RAM 内容传送到 A	1	2	E0H
MOVX @Ri,A	A 的内容传送到外部 RAM	1	2	F2~F3H
MOVX @DPTR,A	A 的内容传送到外部 RAM	1	2	F0H
PUSH direct	直接地址的内容入栈	2	2	C0H,direct
POP direct	堆栈的内容出给直接地址	2	2	D0H,direct
XCH A,Rn	将工作寄存器和 A 内容互换	1	1	C8H~CFH
XCH A,direct	将直接地址内容和 A 内容互换	2	1	C5H,direct
XCH A,@Ri	将间接地址内容和 A 内容互换	1	1	C6H~C7H
XCHD A,@Ri	将 A 的低 4 位和间接 地址内容低 4 位互换	1	1	D6H~D7H

续 表

助记符	说　明	字节数	执行时间	指令代码（机器码）
SWAP　A	累加器内高低 4 位互换	1	1	C4H
ADD　A,Rn	寄存器内容加到累加器	1	1	28H～2FH
ADD A,direct	直接寻址字节内容加到累加器	2	1	25H,direct
ADD A,@Ri	间接寻址 RAM 内容加到累加器	1	1	26H～27H
ADD A,#data	立即数加到累加器	2	1	24H,data
ADDC A,Rn	寄存器加到累加器（带进位）	1	1	38H～3FH
ADDC A,direct	直接寻址字节加到累加器（带进位）	2	1	35H,data
ADDC A,@Ri	间接寻址 RAM 加到累加器（带进位）	1	1	36H～37H
ADDC A,#data	立即数加到累加器（带进位）	2	1	34H,data
SUBB A,Rn	累加器内容减去寄存器内容（带借位）	1	1	98H～9FH
SUBB A,direct	累加器内容减去直接寻址字节（带进位）	2	1	95H,direct
SUBB A,@Ri	累加器内容减去间接寻址内容（带进位）	1	1	96H～97H
SUBB A,#data	累加器内容减去立即数	2	1	94H,data
INC A	累加器增 1	1	1	04H
INC Rn	寄存器内容增 1	1	1	08H～0FH
INC direct	直接寻址字节增 1	2	1	05H,direct
INC @Ri	间接寻址 RAM 增 1	1	1	06H～07H
DEC A	累加器减 1	1	1	14H
DEC Rn	寄存器内容减 1	1	1	18H～1FH
DEC direct	直接地址内容减 1	2	1	15H,direct
DEC @Ri	间接寻址 RAM 内容减 1	1	1	16H～17H
INC DPTR	数据指针内容增 1	1	2	A3H
MUL AB	累加器和寄存器 B 相乘	1	4	A4H
DIV AB	累加器除以寄存器 B	1	4	84H
DA　A	累加器十进制调整指令	1	1	D4H
ANL　A,Rn	寄存器逻辑与到累加器	1	1	58H～5FH
ANL A,direct	直接地址逻辑与到累加器	2	1	55H,direct
ANL A,@Ri	间接地址的内容逻辑与到累加器	1	1	56H～57H
ANL A,#data	立即数逻辑与到累加器	2	1	54H,data
ANL direct,A	累加器逻辑与到直接地址	2	1	52H,direct
ANL direct,#data	立即数逻辑与到直接寻址字节	3	1	53H,direct,data

助记符	说 明	字节数	执行时间	指令代码（机器码）
ORL A,Rn	寄存器逻辑或到累加器	1	1	48H～4FH
ORL A,direct	直接地址逻辑或到累加器	2	1	45H,direct
ORL A,@Ri	间接地址 RAM 逻辑或到累加器	1	1	46H～47H
ORL A,#data	立即数逻辑或到累加器	2	1	44H,data
ORL direct,A	累加器逻辑或到直接寻址字节	2	2	42H,direct
ORL direct,#data	立即数逻辑或到直接地址	3	2	43H,direct,data
XRL A,Rn	寄存器逻辑异或到累加器	1	1	68H～6FH
XRL A,direct	直接地址内容逻辑异或到累加器	2	1	65H,direct
XRL A,@Ri	间接地址内容逻辑异或到累加器	1	1	66H～67H
XRL A,#data	立即数逻辑异或到累加器	2	1	64H,dataH
XRL direct,A	累加器逻辑异或到直接地址	2	1	62H,direct
XRL direct,#data	立即数逻辑异或到直接地址	3	2	63H,direct,data
CLR A	累加器清零	1	1	E4H
CPL A	累加器内容取反	1	1	F4H
RL A	累加器循环左移	1	1	23H
RLC A	带进位累加器循环左移	1	1	33H
RR A	累加器循环右移	1	1	03H
RRC A	带进位累加器循环右移	1	1	13H
ACALL addr11	绝对调用子程序	2	2	A10A9A810001,addr(7～0)
LCALL addr16	长调用子程序	3	2	12H,addr(15～8),addr(7～0)
RET	子程序返回	1	2	22H
RETI	中断返回	1	2	32H
AJMP addr11	绝对转移	2	2	A10A9A800001,addr(7～0)
LJMP addr16	长转移	3	2	02H,addr(15～8),addr(7～0)
SJMP rel	段转移（相对偏移）	2	2	80H,rel
JMP @A+DPTR	相对 DPTR 的间接转移	1	2	73H
JZ rel	累加器为 0 则转移	2	2	60H,rel
JNZ rel	累加器非 0 则转移	2	2	70H,rel
CJNE A,direct,rel	比较直接地址内容和 A,不相等则转移	3	2	B5H,direct,rel
CJNE A,#data,rel	比较立即数和累加器 A,不相等则转移	3	2	B4H,data,rel
CJNE Rn,#data,rel	比较立即数和寄存器内容,不相等则转移	3	2	B8H～BFH,data,rel
CJNE @Ri,#data,rel	比较立即数和间接地址内容,不相等则转移	3	2	B6H～B7H,data,rel

助记符	说　　明	字节数	执行时间	指令代码(机器码)
DJNZ Rn,rel	寄存器减 1,不为 0 则转移	2	2	D8H~DFH,rel
DJNZ direct,rel	直接地址内容减 1,不为 0 则转移	3	2	D5H,direct,rel
NOP	空操作	1	2	00H
CLR C	进位标志位清 0	1	1	C3H
CLR bit	直接寻址清 0	2	1	C2H,bit
SETB C	进位标志位置 1	1	1	D3H
SETB bit	直接寻址位置 1	2	1	D2H,bit
CPL C	进位标志位取反	1	1	B3H
CPL bit	直接寻址位取反	2	1	B2H,bit
ANL C,bit	直接寻址位逻辑与到进位标志位	2	2	82H,bit
ANL C,/bit	直接寻址位的反码逻辑与到进位标志位	2	2	B0H,bit
ORL C,bit	直接寻址位逻辑或到进位标志位	2	2	72H,bit
ORL C,/bit	直接寻址位的反码逻辑或到进位标志位	2	2	A0H,bit
MOV C,bit	直接寻址位传送到进位标志位	2	2	A2H,bit
MOV bit,C	进位标志位传送到直接寻址标志位	2	2	92H,bit
JC rel	进位标志位为 1 则转移	2	2	40H,rel
JNC rel	进位标志位为 0 则转移	2	2	50H,rel
JB rel	直接寻址位为 1 则转移	3	2	20H,bit,rel
JNB rel	直接寻址位为 0 则转移	3	2	30H,bit,rel
JBC bit,rel	直接寻址位位 1 则转移,并清 0 该位	3	2	10H,bit,rel

本 章 小 结

　　一台计算机所能执行的全部指令集合称为这个 CPU 的指令系统,MCS-51 单片机的汇编指令系统由 111 条指令组成。寻址方式是指寻找操作数的方法,或者说通过什么方式找到操作数。汇编指令系统可分为五大类:数据传送类指令、算术运算类指令、逻辑运算类指令、控制转移类指令和位操作类指令。数据传送类指令完成的功能是在单片机内部或者和单片机外部进行数据的传输,包括内部传送指令和外部传送指令;算术运算类指令是将数据进行算术运算,有些指令会对标志位产生影响;逻辑运算类指令是将数据进行逻辑运算,例如与、或、逻辑移位等操作;控制转移类指令是控制程序执行的顺序,其中的跳转及调用指令能够灵活的控制指令运行的方式;位操作类指令是对可寻址位的内容进行操作,包括位传送及位逻辑操作等。

通过本章的学习要熟练的掌握指令,在编程时才能灵活运用。需要注意的是指令的格式以及寻址方式,避免出现错误的指令书写。

习　题

3-1　判断以下指令正误

(1) MOV　40H,@R3;　　　(2) MOV　40H,45H;　　　(3) MOV　30H,@R1;

(4) MOV　DPTR,♯01H;　　(5) MOV　C,A;　　　　　(6) MOV　C,PSW;

(7) MOV　ACC.4 ,50H;　　(8) RLC　R0;　　　　　　(9) CPL　B;

(10) PUSH　DPTR

3-2　设(R0)＝32H,(A)＝48H,(32H)＝80H,(40H)＝08H。请指出在执行下列程序段后上述各单元内容的变化。

```
MOV   A,@R0
MOV   @R0,40H
MOV   40H,A
MOV   R0,♯35H
```

3-3　在基址加变址寻址方式中,以(　　　)作为变址寄存器,以(　　　)或(　　　)作为基址寄存器。

3-4　如何访问 SFR,可使用哪些寻址方式?

3-5　MOV ,MOVC ,MOVX ,分别用来访问哪些存储空间。

3-6　已知程序执行前有(A)＝02H,(SP)＝52H,(51H)＝FFH,(52H)＝FFH。下述程序执行后,(A)＝(　　　),(SP)＝(　　　),(51H)＝(　　　),(52H)＝(　　　),(PC)＝(　　　)。

```
POP   DPH
POP   DPL
MOV   DPTR,♯5000H
RL    A
MOV   B,A
MOVC  A,@A + DPTR
PUSH  Acc
MOV   A,B
INC   A
MOVC  A,@A + DPTR
PUSH  Acc
RET
ORG   5000H
DB   10H,80H,30H,50H,30H,50H
```

3-7　已知(A)＝83H,(R0)＝17H,(17H)＝34H。写出执行完下列程序段后 A 的内容。

```
ANL  A,#17H
ORL  17H,A
XRL  A,@R0
CPL  A
```

3-8　若(50H)＝40H,试写出执行以下程序段后累加器 A、寄存器 R0 及内部 RAM 的 40H,40H,42H,单元中的内容各为多少?

```
MOV  A,50H
MOV  R0,A
MOV  A,#00H
MOV  @R0,A
MOV  A,#3BH
MOV  41H,A
MOV  42H,41H
```

3-9　试编写程序,将内部 RAM 的 20H、21H、22H 三个连续单元的内容依次存入 2FH、2EH、2DH 单元。

3-10　写出完成如下要求的指令,但是不能改变未涉及位的内容。

A. 把 ACC.3,ACC.4 清零。

B. 把 ACC.6,ACC.7 置 1。

3-11　编写一个程序,把片外 RAM 从 2000H 开始存放的 8 个数传送到片内 30H 开始的连续单元中。

3-12　若 SP＝25H,PC＝2000H,标号 LABEL 所在的地址为 3456H,执行长调用指令 LCALL　LABEL 后,堆栈指针和堆栈的内容发生什么变化? PC 的值等于什么? 如果把指令换成 ACALL　LABEL 可不可以,为什么?

3-13　借助指令表,对如下指令代码进行手工反汇编。

```
FF  C0  E0  E5  F0  F0
```

3-14　如果(DPTR)＝507BH,(SP)＝32H,(30H)＝50H,(31H)＝5FH,(32H)＝3CH,则执行下列指令后,

```
POP  DPH
POP  DPL
POP  SP
```

(DPH)＝(　　　),(DPL)＝(　　　),(SP)＝(　　　)。

3-15　为什么对基本型 51 系列单片机,其寄存器间接寻址方式(例如 MOV A,@R1)中规定 R0 或 R1 的内容不能超过 7FH? 而对增强型的 52 子系列单片机,R0 或 R1 的内容就不受限制?

第4章 MCS-51 汇编语言程序设计

学 习 目 标

(1) 掌握 MCS-51 单片机汇编语言编程方法和步骤。

(2) 掌握汇编语言指令的基本格式和常用伪指令的基本功能。

(3) 掌握 MCS-51 单片机汇编语言源程序的几种基本程序结构和特点。

(4) 掌握子程序设计和子程序设计中参数传递的几种方法。

学习重点和难点

(1) 伪指令与单片机执行指令的区别和使用方法。

(2) 分支程序设计、循环程序设计和子程序设计。

(3) 延时程序设计和输入/输出程序设计。

单片机软件与硬件相结合组成功能不同的单片机系统,软件就是由指令按照某种规则组合形成的程序。单片机执行不同的程序可以实现不同的功能。前面介绍了 MCS-51 单片机汇编语言指令系统,单片机软件可以用汇编指令编写,用汇编语言编写的程序称为汇编语言源程序。

汇编语言源程序经过编译和连接生成目标程序,具有占存储空间少、运行速度快、效率高、实时性强的优点,可以直接操作单片机硬件,适合编写短小高速的程序。

MCS-51 单片机程序设计还可以采用 C51 程序语言,对系统功能描述更加简单,程序员可以不直接操作硬件,程序具有可移植性强的优点,适合编写较复杂的程序。

4.1 程序编制的步骤、方法和技巧

4.1.1 程序编制的步骤

1. 任务分析

首先,深入分析单片机应用系统要完成的任务,明确系统的设计任务、功能要求和技术

指标。然后，分析系统的硬件资源和工作环境。明确单片机应用系统程序设计的基础和条件。

2. 算法设计

算法是对具体问题的描述方法。一个应用系统经过分析、确定设计目标后，把系统要实现的功能和技术指标用严密的数学方法或数学模型来描述，从而将一个实际问题转化成能够由计算机进行处理的问题。同一个问题的算法可能有多种，应对各种算法进行分析比较，合理优化，选择最佳算法。

3. 程序流程设计

经过任务分析、算法优化后，就可以进行程序的总体设计，包括确定程序结构和数据形式，进行资源分配和参数计算等。然后根据程序运行的过程，确定出程序执行的逻辑顺序，用图形符号画出程序流程图，从而使程序的结构关系直观明了，便于检查和修改。

对于简单的应用程序，可以不画程序流程图；当程序较为复杂时，绘制流程图是一个重要的编程手段，应首先画出程序流程图，使编程思路更加清晰，程序结构更加直观。

常用的流程图符号有开始和结束符号、工作任务符号、判断分支符号、程序连接符号和程序流向符号等，如图 4-1 所示。

单片机应用系统程序通常采用"超级循环"结构，其主程序流程框架如图 4-2 所示。

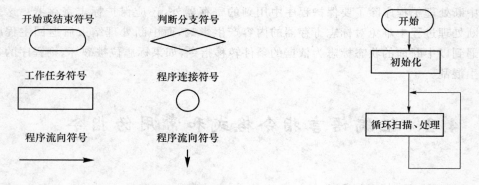

图 4-1　常用程序流程图符号　　　　　　　　图 4-2　"超级循环"框架

单片机应用系统的"超级循环"结构，是在系统上电、初始化后执行一个不断循环扫描外部输入，执行相应功能处理模块的程序执行过程。对于较复杂的系统，也可以采用中断方式及任务调度方式。

4. 源程序编辑和汇编

单片机应用系统程序开发都是借助于微型计算机完成，首先单片机的源程序可以用各种文本编辑软件进行编辑，形成汇编语言源程序文件，扩展名为"C"或"ASM"，然后，对源文件进行编译、连接，生成绝对地址目标文件，再通过转换器转换为可执行文件写入单片机的片内程序存储器或片外程序存储器。可编写的目标文件扩展名为"HEX"。

4.1.2 程序编制的方法和技巧

1. 模块化程序设计方法

单片机应用系统的程序一般由包含多个模块的主程序和各种子程序组成。每一程序模块都要完成一个明确的任务，实现某个具体的功能，如发送、接收、打印、显示、延时等。采用模块化的程序设计方法，就是将这些具体功能程序进行具体设计并分别调试，最后将这些模块程序组装成整体程序并进行联调。

采用模块化程序设计方法，把一个多功能的复杂程序划分为若干个简单的、功能单一的程序模块，有利于程序的设计和调试，有利于程序的优化和分工，提高了程序的阅读性和可靠性，使程序的结构层次一目了然。模块化的程序设计方法是单片机应用系统程序设计的重要方法。

2. 循环结构和子程序结构

采用循环结构和子程序可以使程序的长度缩短，占用内存空间缩小，并使程序结构清晰简洁。

对于循环结构，要注意各循环的初值和循环结束条件，避免出现程序无休止循环的"死循环"现象。对于子程序，除了用于存放入口参数的寄存器外，子程序中用到的其他寄存器的内容应压入堆栈进行现场保护，并要特别注意堆栈操作的压入和弹出的平衡。

对于中断处理子程序除了要保护程序中用到的寄存器外，还应保护标志寄存器。这是由于在中断处理过程中难免对标志寄存器的内容产生影响，而中断处理结束后返回主程序时可能会遇到以中断前的状态标志为依据的条件转移指令，如果标志位被破坏，则程序的运行就会发生混乱。

4.2 汇编语言指令格式和常用伪指令

4.2.1 汇编语言指令格式

汇编语言源程序由指令语句、伪指令语句和宏指令语句构成。MCS-51 单片机汇编语言的指令语句格式为：

[标号:]指令助记符[操作数 1][操作数 2][操作数 3][;注释]

括号内的部分可以根据实际情况取舍。每个字段之间要用分隔符分隔，可以用作分隔符的符号有空格、冒号、逗号、分号等。如：

LOOP:MOV A,#7FH;A←7FH

1. 标号

标号是指令语句的符号地址，用于引导对该语句的非顺序访问，通常可以作为转移指令的操作数。标号不能使用保留字，如指令助记符、寄存器符号名称、伪指令等；标号位于语句的开头位置，由字母、数字或其他特定字符组成，以字母开头，标号后面必须使用冒号作为分隔符。

2. 指令助记符

指令助记符表示指令执行的功能,一般是该指令功能的英文缩写。它是汇编语句中唯一不可空缺的部分。

3. 操作数

操作数用于提供参与运算的数据或进行操作的数据或这些数据的地址。在一条汇编语句中操作数字段可能是空缺的,也可能包括一项,还可能包括两项或三项。各操作数间以逗号分隔。

操作数字段的内容可能包括工作寄存器名、特殊功能寄存器名、符号名、标号名、符号"＄"(表示程序计数器 PC 的当前值)、常数和表达式等。

若操作数为十六进制数字,其末尾必须用"H"说明,若十六进制数以字母 A、B、C、D、E、F 开头,其前面必须添加一个"0"进行引导说明,例如:0AFH。若操作数为二进制数字,其末尾必须用"B"说明,例如:01100011B。若操作数为十进制数字,末尾可以加"D"说明,若末尾不加说明,该数字默认为十进制数字,例如:98D、98,均表示十进制数 98。

4. 注释

注释不属于汇编语句的功能部分,它只是对语句的说明。注释字段可以增加程序的可读性,有助于编程人员的阅读和维护。注释字段必须以分号";"开头,长度不限,当一行书写不下时,可以换行接着书写,但换行时应注意在开头使用分号";"。

4.2.2　常用伪指令

伪指令是汇编程序能够识别并对汇编过程进行某种控制的汇编命令。它不是单片机执行的指令,所以没有对应的可执行目标码,汇编后产生的目标程序中不会再出现伪指令。汇编程序定义了许多伪指令,下面介绍一些常用的伪指令。

1. 起始地址设定伪指令 ORG

格式为:ORG 表达式

该指令的功能是向汇编程序说明下面紧接的程序段或数据段存放的起始地址。表达式通常为十六进制地址,也可以是已定义的标号地址。如:

　　　ORG 8000H

START:MOV A,＃30H

此时规定该段程序的机器码从地址 8000H 单元开始存放。

在每一个汇编语言源程序的开始,都要设置一条 ORG 伪指令来指定该程序在存储器中存放的起始位置。若省略 ORG 伪指令,则该程序段从 0000H 单元开始存放。在一个源程序中,可以多次使用 ORG 伪指令规定不同程序段或数据段存放的起始地址,但要求地址值由小到大依序排列,并且不允许空间重叠。

2. 汇编结束伪指令 END

格式为：END

该指令的功能是结束汇编。

汇编程序遇到 END 伪指令后即结束汇编。处于 END 之后的程序,汇编程序将不处理。

3. 字节数据定义伪指令 DB

格式为：［标号：］DB 字节数据表

功能是从标号指定的地址单元开始，在程序存储器中定义字节数据。

字节数据表可以是一个或多个字节数据、字符串或表达式。该伪指令将字节数据表中的数据按照从左到右的顺序依次存放在指定的存储单元中，一个数据占一个存储单元。例如：

DB "Hello World"

把字符串中的字符以 ASCII 码的形式存放在连续的 ROM 单元中。又如：

DB - 2, - 4, - 6,5,10,18

把 6 个数转换为十六进制表示（FEH，FCH，FAH，05H，0AH，12H），并连续地存放在 6 个 ROM 单元中。

该伪指令常用于存放数据表格。如要存放显示十六进制的字形码，可以用多条 DB 指令完成。例如：

DB 0C0H,0F9H,0A4H,0B0H

DB 99H,92H,82H,0F8H

DB 80H,90H,88H,83H

DB 0C6H,0A1H,86H,8EH

DB 8CH,7FH,0FFH

4. 字数据定义伪指令 DW

格式为：［标号：］DW 字数据表

功能是从标号指定的地址单元开始，在程序存储器中定义字数据。该伪指令将字或字表中的数据根据从左到右的顺序依次存放在指定的存储单元中。应特别注意：16 位的二进制数，高 8 位存放在低地址单元，低 8 位存放在高地址单元。

例如：

```
      ORG 1400H
DATA:DW 123FH,8CH
...
```

汇编后，(1400H)＝12H,(1401H)＝3FH,(1402H)＝00H,(1403H)＝8CH。

5. 赋值伪指令 EQU

格式为：符号名 EQU 表达式

功能是将表达式的值或特定的某个汇编符号定义为一个指定的符号名。

例如：

```
SUM       EQU 21H
NUM       EQU 22H
LEN       EQU 12
          CLR A
          MOV R7,＃LEN
          MOV R0,＃NUM
LOOP:     ADD A,@R0
```

```
        INC R0
        DJNZ R7,LOOP
        MOV SUM,A
    END
```

该程序的功能是,将 22H 单元开始存放的 12 个无符号数求和,并将结果存入 21H 单元中。

6. 位地址符号定义伪指令 BIT

格式为:符号名 BIT 位地址表达式

功能是将位地址赋给指定的符号名。其中,位地址表达式可以是绝对地址,也可以是符号地址。

例如:

```
L0 BIT P1.0        ;将 P1.0 的位地址赋给位地址符号 L0
L1 BIT 20H         ;将位地址为 20H 的位地址单元定义位地址符号 L1
```

位地址符号用伪指令 BIT 定义后,不能再重新定义和改变。

4.3　基本程序结构

4.3.1　顺序程序

顺序程序是指无分支、无循环结构的程序。顺序结构程序执行时是按照指令在程序中排列的先后顺序依次执行的。

【例 4-1】　设片内 RAM 的 21H 单元存放某十进制数的 BCD 码,编写程序将这个十进制数的十位和个位转换为 ASCII 码,分别存放到片内 RAM 的 22H 单元和 23H 单元。

程序流程如图 4-3 所示。

程序如下:

```
        ORG 0000H
        LJMP START
        ORG 0040H
START:MOV A,21H       ;取 BCD 数
        ANL A,#0FH      ;屏蔽十位数值,保留个位数值
        ORL A,#30H      ;将个位数转换为 ASCII 码
        MOV 23H,A       ;将个位数字的 ASCII 码存入指
                           定的存储单元
        MOV A,21H       ;重新取 BCD 数
        ANL A,#0F0H     ;屏蔽个位数值,保留十位数值
        MOV B,#10H
        DIV AB          ;将十位数值向右移动 4 个二进制位
        ORL A,#30H      ;将十位数转换为 ASCII 码
```

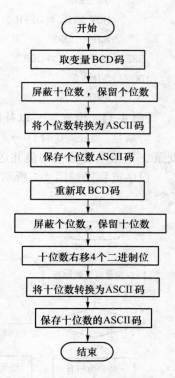

图 4-3　【例 4-1】程序流程图

```
        MOV 22H,A              ;将十位数字的 ASCII 码存放到指定的存储单元
        END
```

4.3.2 分支程序

通常情况下,程序的执行是按照指令在程序存储器中存放的顺序进行的,但有些实际情况也可能需要改变程序的执行顺序,程序执行时可以实现跳转,这种程序结构就属于分支结构。分支结构可以分成单分支、双分支和多分支几种情况。

【例 4-2】 设片内 RAM 的 20H 单元存放一变量。编写程序读出变量值,并根据变量值是否为 0,设置片内 RAM 的 21H 单元数据,要求:若该变量为 0,则片内 RAM 的 21H 单元存放立即数 00H,若该变量不为 0,则片内 RAM 的 21H 单元存放立即数 FFH。

程序流程图如图 4-4 所示。

程序如下:

```
        ORG 0000H
        LJMP START
        ORG 0040H
START:  MOV A,20H              ;取变量值
        JZ BEZE                ;是 0 则转向 BEZE
        MOV 21H,＃0FFH          ;变量不是 0,将 FFH 存入 21H
        AJMP DONE              ;转向结束
 BEZE:  MOV 21H,＃00H           ;变量为 0,将 00H 存入 21H
 DONE:  SJMP $
        END
```

【例 4-3】 设变量 x 以补码的形式存放在片内 RAM 的 28H 单元,变量 y 与 x 的关系是:当 $x>0$ 时,$y=x$;当 $x=0$ 时,$y=10H$;当 $x<0$ 时,$y=x+5$。编制程序,根据变量 x 的值求变量 y 的值并送回原来的存储单元。

程序流程图如图 4-5 所示。

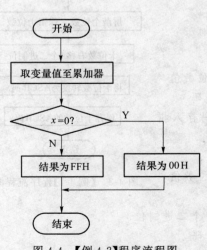

图 4-4 【例 4-2】程序流程图

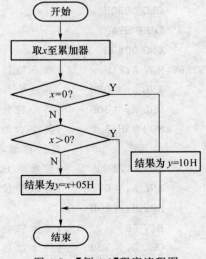

图 4-5 【例 4-3】程序流程图

程序段如下：

```
START:MOV A,28H          ;取变量 x 至累加器
      JZ NEXT            ;x 为 0,转 NEXT
      ANL A,#80H         ;x 不为 0,保留符号位,其他位清 0
      JZ DONE            ;符号位为 0,即 x 大于 0,则 y = x,转结束
      MOV A,#05H         ;x 小于 0,求 y
      ADD A,28H
      MOV 28H,A          ;y = x + 05H,送结果单元
      SJMP DONE
NEXT:MOV 28H,#10H        ;x 为 0,结果为 y = 10H
DONE:SJMP $
      END
```

【例 4-4】 根据 R7 的内容转向相应的处理程序。设 R7 的内容为 0～N,对应的处理程序的入口地址分别为 PG0～PG3。

程序流程图如图 4-6 所示。

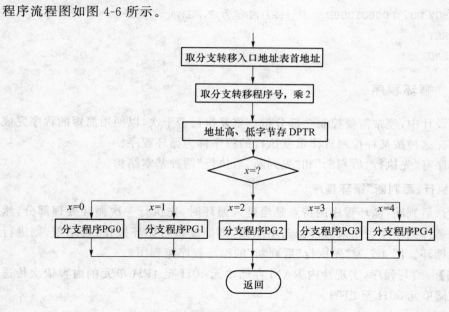

图 4-6 【例 4-4】程序流程图

程序段如下：

```
START:MOV DPTR,#TAB      ;取分支转移入口地址表首地址
      MOV A,R7           ;分支转移序号送到 A
      ADD A,R7           ;分支转移序号乘以 2
      MOV R3,A           ;暂存到 R3 中
      MOVC A,@A + DPTR   ;取高位地址
      XCH A,R3
      INC A
      MOVC A,@A + DPTR   ;取低位地址
```

```
        MOV DPL,A              ;处理程序入口地址低 8 位送 DPL
        MOV DPH,R3             ;处理程序入口地址高 8 位送 DPH
        CLR A
        JMP @A+DPTR            ;转向处理程序执行
TAB:    DW PG0
        DW PG1
        DW PG2
        DW PG3
PG0:    MOV P0,#00000001B      ;R7 内容为 0,PG0 处理程序
        RET
PG1:    MOV P0,#00000010B      ;R7 内容为 1,PG1 处理程序
        RET
PG2:    MOV P0,#00000100B      ;R7 内容为 2,PG2 处理程序
        RET
PG3:    MOV P0,#00001000B      ;R7 内容为 3,PG3 处理程序
        RET
        END
```

4.3.3 循环程序

在程序设计中,经常需要控制一部分指令重复执行若干次,以便用简短的程序完成大量的处理任务。这种按某种控制规律重复执行的程序称为循环程序。

循环程序有"先执行、后判断"和"先判断、后执行"两种基本结构。

1."先执行、后判断"循环程序

"先执行、后判断"循环程序的特点是当进入循环时,先执行一次循环处理部分,然后根据循环控制条件判断是否结束循环。若不结束,则继续执行循环操作;若结束,则进行结束处理并退出循环。图 4-7 为"先执行、后判断"的循环程序流程图。

【例 4-5】 编写程序,实现片内 RAM 存储单元 40H 至 4FH 单元的内容依次传送到片内 RAM 存储单元 50H 至 5FH。

程序如下:

```
        ORG 0000H
        LJMP MAIN
        ORG 0080H
MAIN:   MOV R0,#40H
        MOV R1,#50H
        MOV R7,#10H
LOOP:   MOV A,@R0
        MOV @R1,A
        INC R0
```

```
        INC R1
        DJNZ R7,LOOP
        SJMP $
        END
```

2. "先判断、后执行"循环程序

　　"先判断、后执行"循环程序的特点是将循环的控制部分放在循环的入口处,当进入循环时,先根据循环控制条件判断是否结束循环。若不结束,则继续执行循环操作;若结束,则进行结束处理并退出循环。图 4-8 为"先判断、后执行"的循环程序流程图。

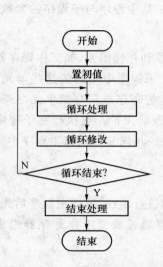

图 4-7　"先执行、后判断"的循环程序流程图　　　　图 4-8　"先判断、后执行"的循环程序流程图

　　"先判断、后执行"的循环程序通常用于事先不知道循环次数的情况下。如果循环次数事先不知道,但循环条件可以测试到,则可以采用"先判断、后执行"的结构。

　　【例 4-6】　将内部 RAM 中 80H 存储单元起始的数据串传送到外部 RAM 中起始地址为 2000H 的存储区域内,数据串以'＄'字符作为结束标志。

　　程序如下:

```
        MOV R0,＃30H
        MOV DPTR,＃2000H
LOOP0:MOV A,@R0
        CJNE A,＃24H,LOOP1      ;判断是否为'＄'字符
        SJMP LOOP2             ;是'＄'字符,则转结束
LOOP1:MOVX @DPTR,A            ;不是'＄'字符,则执行传送操作
        INC R0
        INC DPTR
        SJMP LOOP0            ;继续传送下一个数据
LOOP2:SJMP $
        END
```

4.3.4 子程序及其调用

1. 子程序的调用

利用子程序可以使程序结构更加紧凑,使程序的阅读和调试更加方便。在实际应用中,经常会遇到一些带有通用性的问题,如数值转换、数值计算等,在一个程序中可能要使用多次。这时可以将其设计成通用的子程序供随时调用。

子程序的基本结构仍然采用一般程序的3种结构,它的特点是,子程序的执行过程是由被其他程序调用开始的,执行完子程序后再返回到调用该子程序的程序继续执行。

子程序调用时要注意两点,一是现场的保护和恢复;二是主程序与子程序的参数传递。

2. 现场保护与恢复

在子程序执行过程中常常要用到单片机的一些寄存器和存储单元,如工作寄存器 R0~R7、累加器 A、数据指针 DPTR 以及有关标志和状态等。子程序中用到的这些单元中的内容在调用结束后的主程序中仍有用,而主程序需要保持这些寄存器和存储单元在调用子程序之前的值,所以需要在进入子程序之前进行保护,称为现场保护。在执行完子程序,返回继续执行主程序前恢复其原内容,称为现场恢复。现场保护与恢复可以在主程序中实现,也可以在子程序中实现。

(1) 在主程序中实现

利用压栈和弹栈实现现场保护和恢复,调用子程序前进行压栈,返回主程序后先弹栈再执行其他操作。特别地,对于 R0~R7 的保护与恢复可以通过改变工作寄存器组来实现。例如:

```
PUSH PSW            ;保护现场
PUSH ACC
PUSH B
MOV PSW,＃10H       ;换当前工作寄存器组
LCALL addr16        ;子程序调用
POP B               ;恢复现场
POP ACC
POP PSW
```

(2) 在子程序中实现

同样利用压栈和弹栈进行现场保护和恢复,在子程序中实现的过程是在进入子程序后,进行压栈操作,并改换当前工作寄存器组,并在子程序结束返回主程序前,进行弹栈操作并恢复当前工作寄存器组。例如:

```
SUB1:PUSH PSW           ;保护现场
     PUSH ACC
     PUSH B
     MOV PSW,＃10H      ;换当前工作寄存器组
     ……
```

```
        POP B                      ;恢复现场
        POP ACC
        POP PSW
        RET
```

应注意的是,无论哪种方法保护与恢复的顺序都要对应,利用堆栈保护和恢复时压栈和弹栈的顺序正好相反,否则程序将会发生错误。

3. 参数传递

由于子程序是主程序的一部分,所以,在程序的执行中必然要有数据上的联系。在调用子程序时,主程序应通过某种方式把有关参数传给子程序,称为子程序入口参数。当子程序执行完毕后,又需要通过某种方式把有关参数传给主程序,称为子程序出口参数。在 MCS-51 单片机中,参数传递可以利用累加器、寄存器、存储器和堆栈。

(1) 利用累加器或寄存器

利用累加器或寄存器传递参数,就是把要传递的参数存放在累加器 A 或工作寄存器 R0～R7 中,即在主程序调用子程序时,应事先把子程序需要的数据送入累加器 A 或指定的工作寄存器中,当子程序执行时,可以从指定的单元中取得数据,执行运算。反之,子程序也可以用同样的方法把结果传送给主程序。

【例 4-7】　设变量 x、y 分别存放在片内 RAM 的 30H、31H 单元,编程计算 x 和 y 的平方和,并存放在片内 RAM 的 32H 单元。

程序如下:

```
START:MOV A,30H            ;取变量 x
      ACALL SQR            ;调用求平方子程序
      MOV R0,A             ;将 x 的平方暂存于 R0 中
      MOV A,31H            ;取变量 y
      ACALL SQR            ;调用求平方子程序
      ADD A,R0             ;求 x 和 y 的平方和
      MOV 32H,A            ;存放结果
      SJMP $
SQR:  MOV DPTR,#TAB        ;求平方子程序
      MOVC A,@A+DPTR
      RET
TAB:  DB 0,1,4,9,16,25     ;平方表
      DB 36,49,64,81
      SJMP $
      END
```

(2) 利用存储器

当传送的数据量比较大时,可以利用存储器实现参数的传递。方法是事先建立一个参数表,用指针指示参数表所在的位置。当参数表建立在内部 RAM 时,用 R0 或 R1 作参数

表的指针。当参数表建立在外部 RAM 时,用 DPTR 作参数表的指针。

【例 4-8】 设内部 RAM 中存放两个 3 字节无符号整数,低字节存放在低地址单元,两个加数的首地址分别是 31H 和 34H,编程实现其求和。结果存放到片外数据存储器 1000H 单元起始的存储区内,按照低字节存放在低地址单元,高字节存放在高地址单元的顺序存放,并由数据指针 DPTR 指向和的高字节。

子程序入口参数:R0 和 R1 分别指向两个加数的低位字节,R0 指向 31H,R1 指向 34H,DPTR 指向和的低位字节,即 1000H;

子程序出口参数:DPTR 指向结果的高位字节,即 1002H。

程序如下:

```
        ORG 0000H
START:MOV R0,＃31H        ;置子程序入口参数
        MOV R1,＃34H
        MOV DPTR,＃1000H
        CALL L              ;调用子程序
        AJMP $
        ORG 0040H
    L:MOV R7,＃3            ;三字节求和子程序
        CLR C
DOAD: MOV A,@R0
        ADDC A,@R1
        MOVX @DPTR,A
        INC R0
        INC R1
        INC DPTR
        DJNZ R7,DOAD
        MOV A,DPL           ;数据指针减一,指向结果最高字节
        ADD A,＃0FFH
        MOV DPL,A
        MOV A,DPH
        ADDC A,＃0FFH
        MOV DPH,A
        RET
        END
```

(3)利用堆栈

利用堆栈传递参数是在子程序嵌套中常采用的一种方法。在调用子程序前,用 PUSH 指令将子程序中所需数据压入堆栈。进入执行子程序时,再用 POP 指令从堆栈中弹出数据。

【例 4-9】 编写程序实现片内 RAM 中 30H 单元存储的 BCD 码转换为 ASCII 码,十位数的 ASCII 码存放在 31H 单元,个位数的 ASCII 码存放在 32H 单元。

程序如下：

```
MAIN:MOV A,30H          ;取待转换数据
     SWAP A             ;半字节交换,将十位数换到低半字节
     PUSH ACC           ;将参数传递到堆栈中
     ACALL BCDASC       ;调用子程序实现代码转换
     POP ACC            ;弹栈,取出转换结果
     MOV 31H,A          ;存放结果,十位数的 ASCII 码存入 31H 单元
     PUSH 30H           ;待转换数据压入堆栈
     CALL BCDASC        ;调用子程序实现代码转换
     POP ACC            ;弹出转换结果
     MOV 32H,A          ;存放结果,个位数的 ASCII 码存入 32H 单元
     SJMP DONE          ;结束
BCDASC:MOV R1,SP        ;子程序,实现栈顶单元低半字节转换为 ASCII 码
     DEC R1
     DEC R1
     XCH A,@R1
     ANL A,#0FH
     MOV DPTR,#TAB
     MOVC A,@A+DPTR
     XCH A,@R1
     RET
TAB: DB 30H,31H,32H,33H,34H   ;数字 0~9 的 ASCII 码表
     DB 35H,36H,37H,38H,39H
DONE:SJMP $
     END
```

这三种的方法都可以实现参数传递,但适用情况略有区别。一般地,当相互传递的数据较少时,采用寄存器传递方式可以获得较快的传递速度。当相互传的数据较多时,宜采用存储器或堆栈方式传递。如果是子程序嵌套,最好采用堆栈方式。

4.4　常用程序举例

1. 算术运算程序

MCS-51 单片机应用系统的任务通常就是对客观实际的各种物理参数进行测试和控制。所以,数据的运算是避免不了的。尽管数据运算不是其优势,但运用一些编程技巧和方法,仍然可以完成大部分测控应用中的运算。多字节数的加、减运算时,应注意合理地运用进位或借位标志实现前后字节的进位或借位。

【例 4-10】 设两个 N 字节的无符号数分别存放在内部 RAM 中以 DATA1 和 DATA2 开始的单元中,编程实现两数相加,相加后的结果要求存放在 DATA2 开始的数据单元。

（两个加数及和的存放都是按从低字节到高字节的顺序存放）

程序段如下：

```
        MOV R0,#DATA1      ;第一个加数低字节单元地址
        MOV R1,#DATA2      ;第二个加数低字节单元地址
        MOV R7,#N          ;字节数
        CLR C              ;清进位标志位
LOOP:MOV A,@R0
        ADDC A,@R1         ;求和
        MOV @R1,A          ;存结果
        INC R0             ;修改指针
        INC R1             ;修改指针
        DJNZ R7,LOOP       ;循环,实现多字节相加
```

【例 4-11】 设两个 N 字节的无符号数分别存放在内部 RAM 中以 DATA1 和 DATA2 开始的单元中,编程实现两数相减,相减后的结果要求存放在 DATA2 开始的数据单元。（被减数、减数及差的存放都是按从低字节到高字节的顺序存放）

程序段如下：

```
        MOV R0,#DATA1      ;被减数低字节单元地址
        MOV R1,#DATA2      ;减数低字节单元地址
        MOV R7,#N          ;字节数
        CLR C              ;清借位标志
LOOP:MOV A,@R0
        SUBB A,@R1         ;求差
        MOV @R1,A          ;存结果
        INC R0             ;修改指针
        INC R1             ;修改指针
        DJNZ R7,LOOP       ;循环,实现多字节相减
```

2. 查表程序

程序中用到的数据可以事先建立数据表,在程序运行中利用数据指针查找需要的数据,再进行计算。通常,用伪指令 DB、DW 建立数据表格,用数据寄存器 DPTR 或程序计数器 PC 存放数据表格的首地址。

【例 4-12】 有一变量存放在片内 RAM 的 18H 单元,其取值范围为:00H～09H。编写程序求该变量的平方值,并存入片内 RAM 的 22H 单元。

程序如下：

```
        ORG 0000H
        LJMP START
        ORG 0100H
START:MOV DPTR,#0200H      ;数据指针指向平方值表首地址
        MOV A,18H          ;取变量值
        MOVC A,@A+DPTR     ;查平方表
```

```
        MOV 22H,A              ;存放结果
        SJMP $
        ORG 0200H
TABLE:DB 00,01,04,09,16,25,36,49,64,81
        END
```

程序中,在程序存储器的存储单元的某个存储空间内建立平方表。用数据指针 DPTR 指向平方表的首址,则变量与数据指针之和的地址单元中的内容就是变量的平方值。

采用 MOVC A,@A+PC 指令也可以实现查表功能,且不破坏 DPTR 的内容,从而可以减少保护 DPTR 的内容所需的开销。但表格只能存放在 MOVC A,@A+PC 指令后的 256 字节内,即表格存放的地点和空间有一定的限制。

3. 码型转换程序

在单片机应用过程中,经常需要使用的数制和代码有二进制数、十进制数、十六进制数、ASCII 码、BCD 码,在单片机应用系统中经常需要通过程序进行各种码型之间的转换。

【例 4-13】　设有一位十六进制数存放在 R0 中,编程将其转换为 ASCII 码存放于 R2 中。

程序如下:

```
HTOASC:MOV A,R0              ;取 4 位二进制数
        ANL A,♯0FH            ;屏蔽掉高 4 位
        PUSH ACC             ;4 位二进制数入栈暂存
        CLR C                ;进/借位标志清 0
        SUBB A,♯0AH          ;根据进/借位标志判断待转换数据是否大于 9
        POP ACC              ;弹出暂存的待转换数据
        JC LOOP              ;产生借位,待转换数据在 0～9 之间
                             ;转换只需加 30H
        ADD A,♯07H           ;不产生借位,待转换数据在 A～F 之间
                             ;转换需加 37H
LOOP: ADD A,♯30H
        MOV R2,A             ;存放结果
        RET
```

【例 4-14】　设片内 RAM 的 30H 单元有一个 8 位无符号二进制数,将其转换为压缩 BCD 码,存放到片内 RAM 的 41H 单元(存结果的高位)和 40H 单元(存结果的低位)。

程序如下:

```
        ORG 0000H
        LJMP START
        ORG 0100H
START:MOV A,30H             ;取待转换数据
        MOV B,♯100
        DIV AB               ;除以 100
        MOV 41H,A            ;商为百位数,存放到 41H 单元
```

```
        MOV A,B              ;取回余数
        MOV B,♯10
        DIV AB               ;除以 10
        SWAP A               ;商是 10 位数,高低位互换
        ORL A,B              ;十位数与个位数组合
        MOV 40H,A            ;将 10 位数与个位数存放到 40H 单元
        SJMP $
        END
```

4. I/O 口操作程序

单片机与外界的联系是通过对 I/O 口的操作实现的,MCS-51 单片机的 I/O 操作是通过 MOV 指令读写 I/O 口缓存完成的。在程序设计中,采用"MOV"指令。

【例 4-15】 编程实现从 P1 口读入一个字节数据,存放到片内 RAM 的 30H 单元。

程序如下:

```
        ORG 0000H
        LJMP START
        ORG 0100H
START:MOV P1,♯0FFH        ;置 P1 口输入状态
        MOV A,P1             ;从 P1 口读入数据
        MOV 30H,A            ;存放结果
        SJMP $
        END
```

【例 4-16】 AT89S51 单片机系统电路如图 4-9 所示,编写程序实现 LED 灯循环闪烁,要求:每个灯闪烁 3 次后转下一个灯闪烁 3 次,循环点亮。

程序如下:

```
        ORG 0000H
        LJMP START
        ORG 0100H
START:CLR C
        MOV A,♯0FEH          ;赋初值
NEXT: MOV R7,♯03H           ;单个灯循环点亮次数
LIGHT:MOV P1,A               ;点亮 LED
        LCALL DEL1S          ;调用延时程序
        MOV P1,♯0FFH         ;熄灭 LED
        LCALL DEL1S          ;调用延时程序
        DJNZ R7,LIGHT
        RL A                 ;累加器 A 数据按位左移
        SJMP NEXT            ;点亮下一个灯循环
DEL1S:MOV R4,♯150           ;延时子程序
```

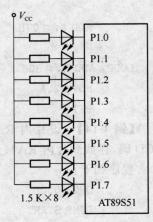

图 4-9 【例 4-16】电路图

```
D1:    MOV R6,#200
D2:    MOV R5,#250
       NOP
       DJNZ R5,$
       DJNZ R6,D2
       DJNZ R4,D1
       RET
       END
```

本 章 小 结

　　汇编语言的源程序结构紧凑、灵活,汇编成的目标程序效率高,具有占存储空间少、运行速度快、实时性强等优点。汇编语言程序具有非常广泛的应用。

　　在进行汇编语言程序设计时,首先需要对单片机应用系统需要完成的任务进行深入的分析,明确系统的设计任务、功能要求、技术指标。然后,要对系统的硬件资源和工作环境进行分析和熟悉。经过分析、研究和明确系统需求后,利用数学方法或数学模型来对其进行描述,从而把一个实际问题转化成能由计算机进行处理的问题,同时,还应对各种算法进行分析比较,并进行合理的优化。

　　采用模块化的程序设计方法将复杂的程序分解为若干个相对独立的简单程序,再将各个模块有机结合,能使设计思路更加清晰。采用循环结构和子程序可以使程序的容量大大减少,提高程序的效率,节省内存。

　　80C51 汇编语言的语句行由 4 个字段组成,汇编程序能对这种格式正确地识别。伪指令是汇编程序能够识别的汇编命令,它不是单片机执行的指令,没有对应的机器码,仅用来对汇编过程进行某种控制。

　　汇编语言程序设计是实践性较强的单片机应用技能,不仅需要学习基本程序实例,而且需要在实际应用中进行编程训练,并逐步积累丰富的实践经验。

习　　题

　　4-1　MCS-51 单片机汇编语言有何特点?

　　4-2　MCS-51 单片机汇编语言程序设计的步骤如何?

　　4-3　常用的程序结构有哪几种? 有什么特点?

　　4-4　子程序调用时,如何进行参数传递?

　　4-5　什么是伪指令? 常用的伪指令功能如何?

　　4-6　设内部 RAM 的 30H 单元存放一个无符号 8 位二进制数据,编程实现该二进制数据转换为压缩 BCD 码,存放到内部 RAM 的 31H、32H 单元(高位存放在 31H 单元)。

　　4-7　编程实现两字节加法运算,设两个加数分别存放在内部 RAM 的 20H～21H 单元和 22H～23H 单元,要求将和存放在内部 RAM 的 24H～25H 中(均按高字节存放在较低地址单元的顺序存放)。

4-8 编写一段程序,把外部 RAM 中 1000H～1030H 单元的内容传送到内部 RAM 的 30H～60H 单元中。

4-9 若 80C51 的晶振频率为 6MHz,试计算延时子程序的延时时间。

```
DELAY:MOV R7,♯0F6H
LOOP: MOV R6,♯0FAH
      DJNZ R6,$
      DJNZ R7,LOOP
      RET
```

4-10 在内部 RAM 的 21H 单元开始存有一组单字节不带符号数,数据个数为 16,要求找出其中最大的数存入 40H 单元。

4-11 编写子程序,将 R1 中的 2 位十六进制数转换为 ASCII 码后存放在 R3 和 R4 中。

4-12 变量 X 存放在片内 RAM 的 38H 单元,其取值范围为 0～9,用查表法编程求其平方值,将结果存放在内部 RAM 的 40H 单元。

4-13 编写程序,求内部 RAM 中 31H～35H 单元内容的平均值,并存放在 5AH 单元。

4-14 片内 RAM 的 30H 单元存放变量 X,数制范围为 0～5,编程实现多分支转移,对应的分支程序入口为 P0～P5。

第 5 章 中断系统和定时器/计数器

学 习 目 标

(1) 熟悉单片机中断的基本原理与基本概念。
(2) 掌握单片机中断的图解方法。
(3) 掌握单片机中断执行过程。
(4) 掌握定时器/计数器的结构及工作方式、工作模式。
(5) 掌握定时器/计数器的编程应用。

学 习 重 点 和 难 点

(1) 单片机的中断寄存器的功能。
(2) 五种中断寄存器设置方法。
(3) 中断优先级。
(4) 定时器计数器的应用。

5.1 中断系统基本概念

中断系统是单片机中非常重要的组成部分,它是为了使单片机能够对外部或内部随机发生的事件实时处理而设置的。中断功能的存在,在很大程度上提高了单片机实时处理能力,它也是单片机最重要的功能之一,是我们学习单片机必须掌握的重要内容。我们不但要了解单片机中断系统的资源配置情况,还要掌握通过相关的特殊功能寄存器打开和关闭中断源、设定中断优先级,掌握中断服务程序的编写方法。

5.1.1 中断的定义

中断是指 CPU 正在处理某些事务时,发生了某一事件,请求 CPU 及时处理。于是,CPU 暂停当前的工作,转而处理所发生的事件。处理完毕,再回到原来被暂停工作的地方,继续原来的工作,这样的过程称为中断。响应中断请求过程如图 5-1 所示。实现中断功能的部件,称为中断系统。产生中断的请求源,称为中断源。

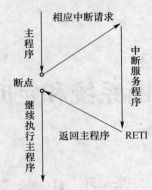

图 5-1 响应中断请求过程

5.1.2 中断的优点

中断方式避免了 CPU 在查询方式中的等待,大大提高了 CPU 的工作效率。中断是现代计算机的一个重要标志。有了中断技术,计算机才能进行实时处理。这使计算机的功能大大增强,应用领域更加广泛。

5.1.3 中断嵌套

一般计算机系统允许有多个中断源,而 80C51 单片机有 5 个中断源。上面我们仅谈到只有一个中断请求源的情况。当有多个中断源同时向 CPU 提出中断请求时,CPU 一般最先处理最紧急事件的请求,然后再处理相对不太紧急事件的请求,依此类推。这就需要将多个中断源按轻重缓急进行排队,最紧急的事件优先处理,将其定为最高优先级,而最不紧急的事件定为最低优先级。

当 CPU 正在处理一个中断,又发生了另一个更紧迫事件(即优先级更高)的中断请求时,CPU 暂时终止对前一个中断的处理,转而响应优先级更高的中断请求,处理完优先级更高的中断请求后,再继续执行原来的中断处理程序。这样的过程,称为中断嵌套。这样的中断系统,称为多级中断系统。我们将两级中断嵌套的中断过程用流程图的方式表示出来,如图 5-2 所示。

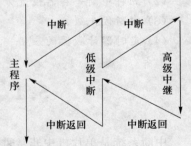

图 5-2 中断嵌套流程图

5.2 中断系统的内部结构

5.2.1 图解中断的执行过程

80C51 单片机中断系统的结构如图 5-3 所示,80C51 单片机有 5 个中断源,两个优先级,可以实现两级中断嵌套。

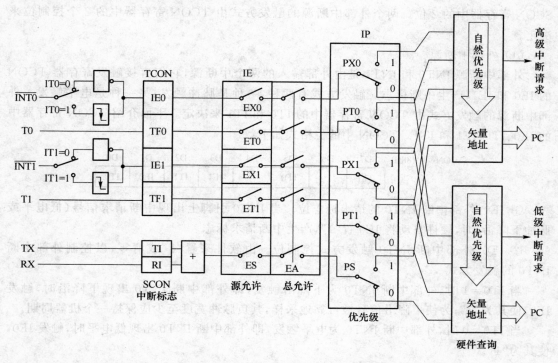

图 5-3　80C51 单片机中断系统的结构图

由图 5-3 从左向右看,一共有 5 个中断执行的线路,从上到下,分别为外部中断 0(INT0)、定时器 0 中断(T0)、外部中断 1(INT1)、定时器 1 中断(T1)、串口中断(TX 和 RX)。

每一条线路都是从左向右看并由图依次进行相应寄存器的设置,即可实现中断。例如:外部中断 0(第一条线路):从 INT0 出发经过一个多路开关 IT0 的值(IT0＝0,从上面走为低电平方式触发;IT0＝1,从下面走为下降沿方式触发),之后经过寄存器 IE0(这个不用设置,当满足中断条件时,由单片机置 1),再经过寄存器 EX0(EX0＝1 时接通,EX0＝0 时断开),再经过 EA(EA＝1 时接通,EA＝0 时断开),再经过 PX0(PX0＝1,为高级中断优级;PX0＝0,为低级中断优级),最后经过中断入口地址(外部中断 0 为:0003H)进入中断函数,即完成中断的执行过程。其他四种中断同理。但要注意:①串口中断有两个中断源 TX(发送中断)和 RX(接收中断),都可以进中断,并且中断函数只有一个而不是两个;②串口的中断标志位 TI,RI 只能在中断服务程序中用软件清 0。

5.2.2　中断系统的寄存器

由图 5-3 可以看出,MCS-51 单片机中断系统具有 5 个中断源中断标志的 TCON 寄存器和 SCON 寄存器;中断允许寄存器 IE、中断优先级寄存器 IP;中断系统还包含能自动将中断向量地址装入 PC、并向 CPU 提出中断请求的相关电路。

1. 中断源

80C51 有 5 个中断源,包括 2 个外部中断源 INT0 和 INT1,以及 3 个内部中断源 T0、

T1 和串行口中断源。这 5 个中断源的中断标志位占用了 TCON 寄存器中的 6 位,以及 SCON 寄存器中的 2 位。两个外部中断源的触发方式由 TCON 寄存器中的 2 个控制位来决定。

（1）外部中断源

外部中断源 INT0 和 INT1 是由外部输入的两个中断源,它们直接触发寄存器 TCON 的 IE0 和 IE1,产生中断标志。触发方式有两种:一种是脉冲触发;另一种是电平触发。外部中断源的触发方式由 TCON 寄存器中的 IT0 和 IT1 来决定。下面介绍 TCON 寄存器中的 IE0、IT0、IE1 和 IT1。TCON 中的位格式如下:

TCON	(88H)	D7	D6	D5	D4	D3	D2	D1	D0
		TF1		TF0		IE1	IT1	IE0	IT0

① IE0:外部中断 INT0 的请求标志位。当 INT0 引脚上出现中断请求信号(低电平或脉冲下降沿)时,硬件自动将 IE0 置"1",产生中断请求标志。

② IT0:外部中断 INT0 触发方式控制位。由软件来置"1"或清零,以控制外部中断 INT0 的触发方式。

当 IT0＝1 时,外部中断 INT0 为下降沿触发,即外部中断 INT0 出现下降沿时,触发 IE0,使其为"1";为使下降沿信号被可靠地采样,其负脉冲宽度至少应保持一个机器周期。

当 IT0＝0 时,外部中断 INT0 为电平触发,即外部中断 INT0 出现低电平时,触发 IE0,使其为"1"。

③ IE1:外部中断 INT1 的请求标志位。功能与 IE0 相同。

④ IT1:外部中断 INT1 触发方式控制位。功能与 IT0 相同。

（2）内部中断源

内部中断源有定时器 T0 和 T1 溢出中断源,以及串行口发送/接收中断源。MCS-51 内部有两个定时器/计数器,分别为 T0 和 T1,它们内部都有各自的计数器。当计数器计满溢出时,分别产生溢出中断,使各自的中断标志位 TF0 和 TF1 置"1",产生中断请求标志。TF0 和 TF1 占用 TCON 寄存器中的 2 位。

TF0:定时器 T0 的溢出中断标志位。

TF1:定时器 T1 的溢出中断标志位。

串行口发送/接收中断源的中断标志位占用 SCON 寄存器中的 2 位,分别是发送中断请求标志位 TI 和接收中断请求标志位 RI。SCON 寄存器的位格式如下:

SCON	(98H)	D7	D6	D5	D4	D3	D2	D1	D0
								TI	RI

① TI:串行口内部发送中断请求标志位。当串行口发送完一个字符后,由内部硬件使发送中断标志 TI 置位,产生中断请求标志。

② RI:串行口内部接收中断请求标志位。当串行口接收到一个字符后,由内部硬件使接收中断请求标志位 RI 置位,产生中断请求标志。

串行口的发送中断 TI 和接收中断 RI,共用一个内部中断源。它们逻辑"或"后,作为一个内部的串行口中断源。当 CPU 响应 TI 或 RI 中断时,标志位 TI 或 RI 不能由 CPU 自动清除,必须设置相应的指令,由软件清除。

2. 中断允许寄存器 IE

中断允许寄存器 IE 的作用是控制所有中断源的开放或禁止,以及每个中断源是否被允许。寄存器 IE 的位格式如下:

IE　(A8H)	D7	D6	D5	D4	D3	D2	D1	D0
	EA	—	—	ES	ET1	EX1	ET0	EX0

① EA:中断总允许位。EA=1,CPU 开放中断;EA=0,CPU 禁止所有的中断请求。从图 5-3 中可以看到,总允许 EA 好比一个总开关。

② ES:串行中断允许位。ES=1,允许串行口中断;ES=0,禁止串行口中断。

③ ET1:T1 溢出中断允许位。ET1=1,允许 T1 中断;ET1=0,禁止 T1 中断。

④ EX1:外部中断 1 允许位。EX1=1,允许外部中断 1 中断;EX1=0,禁止外部中断 1 中断。

⑤ ET0:T0 溢出中断允许位。ET0=1,允许 T0 中断;ET0=0,禁止 T0 中断。

⑥ EX0:外部中断 0 允许位。EX0=1,允许外部中断 0 中断;EX0=0,禁止外部中断 0 中断。

MCS-51 单片机复位后,IE 中的每一位均被清零,即禁止所有的中断。要使用哪些中断,就要开放 IE 中对应的中断允许位以及总允许位。

3. 中断优先级寄存器 IP

(1) 中断优先级寄存器 IP 的位格式及优先级的设定

MCS-51 单片机具有两个中断优先级,均可编程设定为高优先级或低优先级。寄存器 IP 的位格式如下:

IP　(B8H)	D7	D6	D5	D4	D3	D2	D1	D0
	—	—	—	PS	PT1	PX1	PT0	PX0

① PS:串行口中断优先级控制位。PS=1,设定串行口为高优先级中断;PS=0,设定串行口为低优先级中断。

② PT1:T1 中断优先级控制位。PT1=1,设定定时器 T1 为高优先级中断;PT1=0,设定定时器 T1 为低优先级中断。

③ PX1:外部中断 1 优先级控制位。PX1=1,设定外部中断 1 为高优先级中断;PX1=0,设定外部中断 1 为低优先级中断。

④ PT0:T0 中断优先级控制位。PT0=1,设定定时器 T0 为高优先级中断;PT0=0,设定定时器 T0 为低优先级中断。

⑤ PX0:外部中断 0 优先级控制位。PX0=1,设定外部中断 0 为高优先级中断;PX0=0,设定外部中断 0 为低优先级中断。

MCS-51 单片机复位后,IP 寄存器低 5 位全部被清零,将所有中断源设置为低优先级中断。

(2) 不同优先级中断请求同时发生时 CPU 响应的优先顺序

MCS-51 单片机在执行中断程序时,高优先级中断源可中断正在执行的低优先级中断服务程序,除非正在执行的低优先级中断服务程序设置了 CPU 关中断或禁止某些高优先级中断;而同级或低优先级的中断源不能中断正在执行的中断服务程序。

如果几个同优先级的中断源同时向 CPU 申请中断,谁先得到服务,取决于它们在 CPU 内部的优先级顺序。

(3) 相同优先级中断请求同时发生时 CPU 响应的优先顺序

MCS-51 单片机有 5 个中断源,当它们处于同优先级时的优先级顺序如表 5-1 所示。

表 5-1 同优先级中断源的优先级顺序

中断源	同优先级时的优先级顺序
外部中断 0	最高级
定时器 T0 中断	
外部中断 1	↓
定时器 T1 中断	
串行口中断	最低级

当几个同优先级的中断同时向 CPU 申请中断时,按表 5-1 中的自然优先级顺序,首先响应高优先级的中断,然后再响应低优先级的中断。

5.3 中 断 响 应

5.3.1 中断的响应条件

MCS-51 单片机响应中断有 4 个条件:一是中断源有请求;二是寄存器 IE 的总允许位 EA＝1,且 IE 相应的中断允许位为 1;三是无同级或高级中断正在服务;四是现行指令执行完最后一个机器周期。一般情况下,这 4 个条件得到满足,单片机就响应中断。但是,若现行指令是 RETI,或需要访问寄存器 IE 或寄存器 IP 的指令,则执行完现行指令,还要执行完紧跟其后的一条指令,单片机才会响应中断。

5.3.2 中断响应过程

CPU 响应中断时,首先将相应优先级状态触发器置"1",然后保存断点,再将中断向量装入程序计数器 PC,转到中断服务程序的入口地址执行中断服务程序,执行完中断服务程序,从中断返回。

1. 保存断点

CPU 执行中断服务程序之前,自动将程序计数器 PC 的内容(即断点地址)压入堆栈保护起来。

2. 取中断向量

MCS-51 单片机有 5 个中断源,对应 5 个中断向量地址。各中断源及对应的中断向量地址如表 5-2 所示。

表 5-2　各中断源及对应中断向量地址

中断源	中断向量地址
外部中断 0（$\overline{INT0}$）	0003H
定时器 T0 中断	000BH
外部中断 1（$\overline{INT1}$）	0013H
定时器 T1 中断	001BH
串口中断	0023H

取中断向量是指 CPU 将对应的中断向量地址装入程序计数器 PC,使程序转向该中断向量单元。此单元中往往存放一条无条件转移指令 LJMP,转去执行中断服务程序。这样,中断服务程序便可灵活地安排在程序存储器的任何位置。

3. 执行中断服务程序及中断返回

中断服务程序首先要保护现场,然后进行中断处理、恢复现场和中断返回。

（1）保护现场:将中断服务程序所使用的有关寄存器的内容保存起来。因为中断服务程序的执行,可能会改变这些寄存器原有的内容。

（2）中断处理:根据中断源的要求,进行具体的服务操作。

（3）恢复现场:恢复发生中断时断点处寄存器的内容,使原程序能够正确地继续执行。

（4）中断返回:由一条中断返回指令 RETI 来完成。它将堆栈中保护的断点地址反弹给 PC,这样便可从中断服务程序返回到原有程序的断点处,继续执行原来的程序。同时,将相应的优先级状态触发器清"0"。原来的程序称为主程序;中断发生时转去执行的程序称为中断服务程序。

4. 响应中断后各中断标志位的清除

CPU 在响应中断后,会自动清除一些中断标志位。它能自动清除定时器溢出标志位 TF0 和 TF1,以及边沿触发下的外部中断标志 IE0 和 IE1。但串行口的发送、接收中断标志 TI 和 RI,在中断响应后不会自动清除,只能由用户用软件清除。对于电平触发方式下的外部中断标志位 IE0 和 IE1,CPU 无法直接干预,需要在引脚处外加硬件电路（如 D 触发器）,使其撤销外部中断请求。

5.4　中断初始化及中断服务程序结构

中断初始化实质上就是对 4 个与中断有关的特殊功能寄存器 TCON、SCON、IE 和 IP 进行管理和控制,具体实施如下:

① CPU 的开、关中断（即全局中断允许控制位的打开与关闭,EA＝1 或 EA＝0）;

② 具体中断源中断请求的允许和禁止（屏蔽）;

③ 各中断源优先级别的控制;

④ 外部中断请求触发方式的设定。

中断管理和控制（中断初始化）程序一般都包含在主程序中,也可单独写成一个初始化程序,根据需要通常只需几条赋值语句即可完成。中断服务程序是一种具有特定功能的独立程序段,在 C51 程序中往往写成一个独立函数,函数内容可根据中断源的要求进行编写。

C51 中断服务程序(函数)的格式如下:

void 中断处理程序函数名()　interrupt 中断序号　using 工作寄存器组编号

{

中断处理程序内容

}

中断处理程序函数不会返回任何值,故其函数类型为 void,void 后紧跟中断处理程序的函数名,函数名可以任意起,只要合乎 C51 中对标识符的规定即可;中断处理函数不带任何参数,所以中断函数名后面的括号内为空;interrupt 即"中断"的意思,是为区别于普通自定义函数而设,中断序号是编译器识别不同中断源的唯一符号,它对应着汇编语言程序中的中断服务程序入口地址,因此在写中断函数时一定要把中断序号写准确,否则中断程序将得不到运行。

函数头最后的"using 工作寄存器组编号"是指这个中断函数使用单片机 RAM 中 4 组工作寄存器中的哪一组,如果不加设定,C51 编译器在对程序编译时会自动分配工作寄存器组,因此"using 工作寄存器组编号"通常可以省略不写。

51 单片机的 5 个中断源的中断序号、默认优先级别、对应的中断服务程序的入口地址如表 5-3 所示。

表 5-3　51 单片机的中断源的中断序号、默认优先级及对应的中断服务程序入口地址

中断源名称	中断序号	默认优先级别	中断服务程序入口地址
外部中断 0($\overline{\text{INT0}}$)	0	最高	0003H
定时/计数器 0 中断	1	第 2	000BH
外部中断 1($\overline{\text{INT1}}$)	2	第 3	0013H
定时/计数器 1 中断	3	第 4	001BH
串行口中断	4	第 5	0023H

【例 5-1】　设外部中断 0 采用边沿触发方式,写出外部中断 0 的 C51 初始化程序段及中断服务函数。

主函数外部中断 0 初始化程序段:

EA = 1;　　　//打开总中断开关

EX0 = 1;　　　//开外部中断 0

IT0 = 1;　　　//设置外部中断的触发方式

中断服务函数:

Void　int0()　interrupt　0　using1

{

　　//用户代码

}

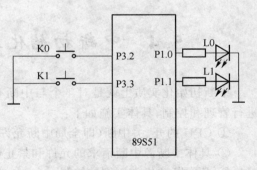

图 5-4　【例 5-2】电路图

【例 5-2】　89S51 单片机系统接口电路如图 5-4 所示,编写程序实现下列要求:

按下 K0 时,L0 熄灭;按下 K1 时,L1 熄灭。

汇编参考程序如下:

```
        ORG 0000H
        SJMP MAIN
        ORG 0003H        ;外部中断 0 入口地址
        SJMP INT0
        ORG 0013H        ;外部中断 1 入口地址
        SJMP INT1
MAIN:
        CLR  IT0         ;设外部中断 0 为电平触发方式
        SETB EX0         ;开外部中断 0 中断允许位
        CLR IT1          ;设外部中断 1 为电平触发方式
        SETB EX1         ;开外部中断 1 中断允许位
        SETB EA          ;开 CPU 总中断允许位
        SJMP $
INT0:                    ;外部中断 0 服务程序
        CLR P1.0
        RETI
INT1:                    ;外部中断 1 服务程序
        CLR P1.1
        RETI
        END
```

5.5　定时器/计数器及其应用

在工业检测与控制中,许多场合都要用到定时或计数功能。例如对外部脉冲进行计数,产生精确定时时间等。80C51 单片机片内有两个可编程的定时/计数器 T1、T0,可满足这方面的需要。它们都有定时和计数的功能,可用于定时控制、延时、对外部事件计数和检测等场合。

5.5.1　定时器/计数器的结构及工作原理

定时器/计数器 T0、T1 的结构如图 5-5 所示。两个 16 位定时器/计数器实际上都是 16 位加 1 计数器。其中 T0 由两个 8 位特殊功能寄存器 TH0 和 TL0 构成;T1 由 TH1 和 TL1 构成。每个定时器/计数器都可由软件设置为定时工作方式或计数工作方式及其他灵活多样的可控功能方式。

两个定时器/计数器都具有定时器和计数器两种工作模式,4 种工作方式(方式 0、方式 1、方式 2、方式 3)。特殊功能寄存器 TMOD 用于选择定时器/计数器 T0、T1 的工作模式和工作方式。特殊功能寄存器 TCON 用于控制 T0、T1 的启动和停止计数,同时包含了 T0、T1 的状态。T0、T1 无论是工作在定时器模式还是在计数器模式,实质都是对计数脉冲信号进行计数,只不过是计数信号的来源不同。计数器模式是对加在 T0(P3.4)和 T1(P3.5)两个引脚上的外部脉冲进行技术,而定时器工作模式下是对单片机的时钟振荡信号经片内 12 分频后的内部脉冲信号计数。由于时钟频率是定值,所以可根据对内部脉冲信号的计数值计算出定时时间。

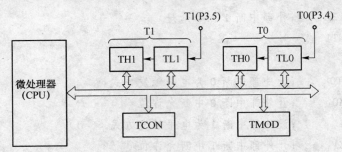

图 5-5   定时/计数器结构

计数器的起始计数都是从计数器的初值开始。单片机复位时计数器的初值为 0,也可以用指令给计数器装入一个新的初值。

5.5.2   定时器/计数器的工作方式寄存器 TMOD

工作方式寄存器 TMOD 用于控制 T0 和 T1 的工作模式,字节地址为 89H,不可进行位寻址。其各位定义格式如下:

工作方式寄存器 TMOD

TMOD (89H)	D7	D6	D5	D4	D3	D2	D1	D0
	GATE	C/$\overline{\text{T}}$	M1	M0	GATE	C/$\overline{\text{T}}$	M1	M0

TMOD 寄存器的高 4 位控制 T1,低 4 位控制 T0。

TMOD 各位的功能如下:

(1) GATE:门控位

0:仅由运行控制位 $TR_x(x=0,1)$ 来控制定时器/计数器运行。

1:用外中断引脚上的电平与运行控制位 TR_x 共同来控制定时器/计数器运行。

(2) M1、M0:工作方式选择位

M1、M0 共有 4 种编码,对应于 4 种工作方式的选择,如表 5-4 所示。

表 5-4   M1,M0 控制的四种工作方式

M1	M0	工 作 方 式
0	0	方式 0,13 位定时/计数器
0	1	方式 1,16 位定时/计数器
1	0	方式 2,8 位自动重装初值的定时/计数器
1	1	方式 3,仅适用于 T0,此时分成两个 8 位计数器,T1 停止计数

（3）C/$\overline{\text{T}}$：计数器模式和定时器模式选择位

0：定时器工作模式，对单片机的晶体振荡器 12 分频后的脉冲进行计数。

1：计数器工作模式，计数器对外部输入引脚 T0（P3.4）或 T1（P3.5）的外部脉冲（负跳变）计数。

5.5.3　定时器/计数器控制寄存器 TCON

字节地址为 88H，可位寻址，位地址为 88H～8FH，位定义格式如下：

控制寄存器 TCON

TCON	(88H)	D7	D6	D5	D4	D3	D2	D1	D0
		TF1	TR1	TF0	TR0	IE1	IT1	IE0	IT0

在 5.2 节已介绍与外部中断有关的低 4 位。这里仅介绍与定时器/计数器相关的高 4 位功能。

（1）TF1、TF0：计数溢出标志位

当计数器计数溢出时，该位置"1"。使用查询方式时，此位作为状态位供 CPU 查询，但应注意查询有效后，应使用软件及时将该位清"0"。使用中断方式时，此位作为中断请求标志位，进入中断服务程序后由硬件自动清"0"。

（2）TR1、TR0：计数运行控制位

TR1 位（或 TR0 位）＝1，启动定时器/计数器工作的必要条件。

TR1 位（或 TR0 位）＝0，停止定时器/计数器工作。

该位可由软件置"1"或清"0"。

5.5.4　定时器/计数器的四种工作方式

TMOD 寄存器用来设置定时/计数器的工作模式（定时模式和计数模式）和工作方式（方式 0、方式 1、方式 2、方式 3），这里一定要注意区分。下面来介绍一下具体的四种工作方式。

1. 方式 0

当 M1、M0＝00 时，被设置为工作方式 0，等效逻辑结构框图如图 5-6 所示。

13 位计数器，由 TLx（x＝0,1）低 5 位和 THx 高 8 位构成。TLx 低 5 位溢出则向 THx 进位，THx 计数溢出则把 TCON 中的溢出标志位 TFx 置"1"并且请求中断。C/$\overline{\text{T}}$ 位控制的电子开关决定了定时器/计数器的两种工作模式。

（1）C/$\overline{\text{T}}$＝0，电子开关打在上面位置，T1（或 T0）为定时器工作模式，把时钟振荡器 12 分频后的脉冲作为计数信号。

（2）C/$\overline{\text{T}}$＝1，电子开关打在下面位置，T1（或 T0）为计数器工作模式，计数脉冲为 P3.4（或 P3.5）引脚上的外部输入脉冲，当引脚上发生负跳变时，计数器加 1。

当 GATE＝0 时，使"或"门输出 A 点电位保持为 1，"或"门被封锁。于是引脚 INT$_x$ 输入信号无效,这时,"或"门输出的 1 打开"与"门。B 点电位取决于 TR_x 的状态,于是,由 TR_x 一位就可控制计数开关开启或关断。若软件使 TR_x 置 1 便接通计数开关,启动 T0 在原值上加 1 计数,直至溢出。

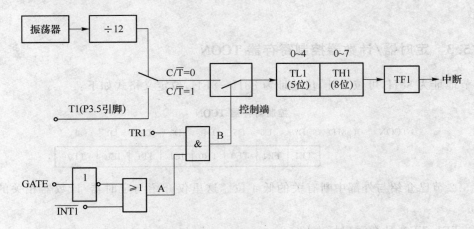

图 5-6　T1 方式 0 逻辑电路

当 GATE＝1 时,A 点电位取决于 $\overline{INT_x}$ 引脚的输入电平。仅当 $\overline{INT0}$ 输入高电平且 $TR_x=1$ 时,B 点才是高电平,计数开关 K 闭合,T1(或 T0)开始计数;当 $\overline{INT0}$ 由 1 变 0 时,T1(式 T0)停止计数。这一特性可以用来测量在 $\overline{INT_x}$ 端出现的正脉冲宽度。

2. 方式 1

当 M1、M0＝01 时,定时器/计数器工作于方式 1,这时定时器/计数器的等效电路逻辑结构如图 5-7 所示。

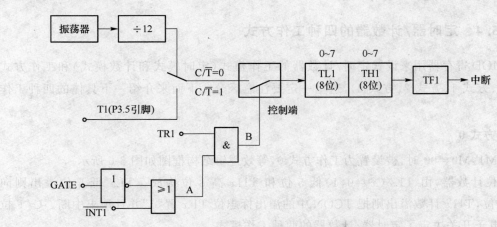

图 5-7　T1 方式 1 逻辑电路

该方式是一个 16 位的定时/计数器,结构几乎与方式 0 完全相同,唯一的差别是:在方式 1 中,寄存器 TH_x 和 TL_x 全部 16 位参与操作。

3. 方式 2

当 M1、M0＝10 时,定时器/计数器工作于方式 2。

方式 0 和方式 1 的最大特点是计数溢出后,计数器为全 0。因此在循环定时或循环计数应用时就存在用指令反复装入计数初值的问题。这不仅影响定时精度,也给程序设计带来麻烦。方式 2 就是针对此问题而设置的。

当 M1、M0 为 10 时,定时器/计数器处于工作方式 2,这时定时器/计数器的等效逻辑结构如图 5-8 所示。

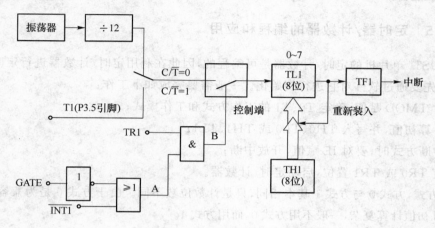

图 5-8　T1 方式 2 逻辑电路

方式 2 为自动重装初值的 8 位定时/计数器方式。TL_x 计数溢出时,不仅使溢出中断标志位 TF_x 置 1,而且还自动把 TH_x 中的内容重新装载到 TL_x 中。这里,16 位定时/计数器被拆成两个,TL_x 用作 8 位计数器,TH_x 用来保存初值。

在程序初始化时,TH_x 和 TL_x 用程序赋予相同的值,当 TL_x 计数溢出,使 TF_x 置位为 1,并将 TH_x 中的初值自动装入 TL_x,继续计数。

4. 方式 3

当 M1、M0＝11 时,定时器/计数器工作于方式 3。

方式 3 是为增加一个 8 位定时器/计数器而设,使 AT89S51 单片机具有 3 个定时器/计数器。

方式 3 只适用于 T0。T1 不能工作在方式 3。T1 处于方式 3 时相当于 TR1＝0,停止计数(此时 T1 可用来作为串行口波特率发生器)。

(1) 工作方式 3 下的 T0

TMOD 的低 2 位为 11 时,T0 的工作方式被选为方式 3,定时器/计数器 T0 分为两个独立的 8 位计数器 TL0 和 TH0,TL0 使用 T0 的状态控制位 $C/\overline{T}$、GATE、TR0、TF0,而 TH0 被固定为一个 8 位定时器(不能作为外部计数模式),并使用定时器 T1 的状态控制位 TR1 和 TF1,同时占用定时器 T1 的中断请求源 TF1。

(2) T0 工作在方式 3 时 T1 的各种工作方式

一般情况下,当 T1 用作串行口的波特率发生器时,T0 才工作在方式 3。T0 处于工作方式 3 时,T1 可定为方式 0、方式 1 和方式 2,用来作为串行口的波特率发生器,或不需要中断的场合。

定时器 T1 无工作方式 3，若将 T1 设置为方式 3，就会使 T1 立即停止计数，也就是保持住原有的计数值，作用相当于使 TR1＝0。但 T1 可工作于其他三种方式下。在单片机串行通信应用中，当定时器 T1 用作串行口波特率发生器时，定时器 T0 可以设置为工作方式 3，使定时/计数器资源得到充分利用。此时，定时器 T1 设置为方式 2 不使用 TR1 和 TF1，用作波特率发生器。

5.5.5 定时器/计数器的编程和应用

AT89S51 单片机的定时/计数器是可编程的，因此在利用定时/计数器进行定时或者计数之前首先要通过软件对它进行初始化。一般需要完成如下工作：

① 对 TMOD 赋值，确定 T0、T1 的工作方式和工作模式；

② 计算初值，并写入 TH0、TL0 或 TH1、TL1；

③ 中断方式时，要对 IE 赋值，开放中断；

④ 使 TR0 或 TR1 置位，启动定时/计数器。

4 种方式，方式 0 与方式 1 基本相同，只是计数位数不同。由于方式 0 是为兼容 MCS-48 而设，并且初值计算复杂，一般不用方式 0，而用方式 1。

1. 方式 1 应用

【例 5-3】 假设系统时钟频率采用 6 MHz，在 P1.0 引脚上输出一个周期为 2 ms 的方波，如图 5-9 所示。

在 P1.0 输出周期为 2 ms 的方波，高电平和低电平的时间分别是 1 ms，所以通过定时/计数器定时 1 ms 的时间，然后对当前的电平状态进行翻转。定时 1 ms 首先要计算装入定时/计数器的初值。

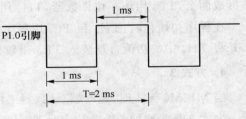

图 5-9　P1.0 引脚输出波形

① 机器周期＝2 μs＝2×10^{-6} s；

② 设需要装入 T0 的初值为 X，则有

$(2^{16}-X)\times2\times10^{-6}=1\times10^{-3}$，$2^{16}-X=500$，$X=65\,036$；

③ X 化为十六进制数，即：$65\,036=$ FE0CH；

④ T0 的初值为 TH0 ＝FEH，TL0＝0CH。

采用定时器中断方式工作。包括定时器初始化和中断系统初始化，主要是对寄存器 IP、IE、TCON、TMOD 的相应位进行正确的设置，并将计数初值送入定时器中。

参考程序如下：

```
        ORG   0000H        ;程序入口
RESET:  AJMP   MAIN        ;转主程序
        ORG  000BH         ;T0 中断入口
        AJMP   ITOP        ;转 T0 中断处理程序 ITOP
        ORG   0100H        ;主程序入口
```

```
MAIN:    MOV   SP,#60H        ;设堆栈指针
         MOV   TMOD,#01H      ;设置 T0 为方式 1 定时
         MOV   TL0,#0CH       ;T0 初始化,装初值的低 8 位
         MOV   TH0,#0FEH      ;装初值的高 8 位
         SETB  ET0            ;允许 T0 中断
         SETB  EA             ;总中断允许
         SETB  TR0            ;启动 T0
HERE:    AJMP  HERE           ;原地循环,等待中断
ITOP:    MOV   TL0,#0CH       ;中断子程序,T0 重装初值
         MOV   TH0,#0FEH
         CPL  P1.0            ;P1.0 的状态取反
         RETI
```

实现该功能的指令除了采用中断的方法外还可以采用查询的方式。如 CPU 不做其他工作,查询方式程序要简单些。

查询方式参考程序:

```
         MOV   TMOD,#01H      ;设置 T0 为方式 1
LOOP:    MOV   TH0,#0FEH      ;T0 置初值
         MOV   TL0,#0CH
         SETB  TR0            ;接通 T0
LOOP1:   JNB TF0,LOOP1        ;查 TF0,TF0 = 0,T0 未溢出;TF0 = 1,T0 溢出,
         CLR   TR0            ;T0 溢出,关断 T0
         CPL   P1.0           ;P1.0 的状态求反
         SJMP LOOP
```

查询程序虽简单,但 CPU 必须要不断查询 TF0 标志,工作效率低。

【例 5-4】 系统时钟为 6 MHz,编写定时器 T0 产生 1 s 定时的程序。

基本思想:采用定时器模式。因定时时间较长,首先确定采用哪一种工作方式。时钟为 6 MHz 的条件下,定时器各种工作方式最长可定时时间:

方式 0 最长可定时 16.384 ms;

方式 1 最长可定时 131.072 ms;

方式 2 最长可定时 512 μs。

由上可见,可选方式 1,每隔 100 ms 中断一次,中断 10 次为 1 s。

(1) 计算计数初值 X

因为$(2^{16} - X) \times 2 \times 10^{-6} = 10^{-1}$,所以 $X = 15\ 536 = 3CB0H$。因此 TH0 = 3CH,TL0=B0H。

(2) 10 次计数的实现

对于中断 10 次的计数,采用 B 寄存器作为中断次数计数器。

（3）程序设计

参考程序如下：

```
              ORG     0000H          ;程序运行入口
RESET:        LJMP    MAIN           ;跳向主程序入口 MAIN
              ORG     000BH          ;T0 的中断入口
              LJMP    ITOP           ;转 T0 中断处理子程序 ITOP
              ORG     1000H          ;主程序入口
MAIN:         MOV     SP,#60H        ;设堆栈指针
              MOV     B,#0AH         ;设循环次数 10 次
              MOV     TMOD,#01H      ;设置 T0 工作在方式 1 定时
              MOV     TL0,#0B0H      ;给 T0 设初值
              MOV     TH0,#3CH
              SETB    ET0            ;允许 T0 中断
              SETB    EA             ;总中断允许
              SETB    TR0            ;启动 T0
HERE:         SJMP    HERE           ;原地循环,等待中断
ITOP:         MOV     TL0,#0B0H      ;T0 中断子程序,T0 重装初值
              MOV     TH0,#3CH
              DJNZ    B,RTURN        ;B 中断次数计数,减 1 非 0 则中断返回
              CLR     TR0            ;1 s 定时时间到,停止 T0 工作
              SETB    F0             ;1 s 定时时间到标志 F0 置 1
RTURN:        RETI
```

程序说明："SJMP HERE"指令实际是一段主程序。在这段主程序中再通过对 F0 标志的判定,可知 1 s 定时是否到,再进行具体处理。

2. 方式 2 应用

方式 2 是一个可以自动重新装载初值的 8 位定时/计数器,可以省去重复在程序中重新装载初值的指令。如果某个定时/计数器不使用时,可以将其扩展为一个负跳沿触发的外部中断源。

【例 5-5】 当 T0(P3.4)引脚上发生负跳变时,作为 P1.0 引脚产生方波的启动信号。开始从 P1.0 脚上输出一个周期为 1 ms 的方波,如图 5-10 所示。

T0 设为方式 1 计数,初值为 FFFFH。当外部计数输入端 T0(P3.4)发生一次负跳变时,T0 加 1 且溢出,溢出标志 TF0 置"1",向 CPU 发出中断请求,此时 T0 相当于一个负跳沿触发的外部中断源。

进入 T0 中断程序后,F0 标志置"1",说明 T0 引脚上已接收过负跳变信号。T1 定义为方式 2 定时。在 T0 引脚产生一次负跳变后,启动 T1 每 500 μs 产生一次中断,在中断服务子程序中对 P1.0 求反,使 P1.0 产生周期 1 ms 的方波。由于省去重新装初值指令,所以可产生精确的定时时间。

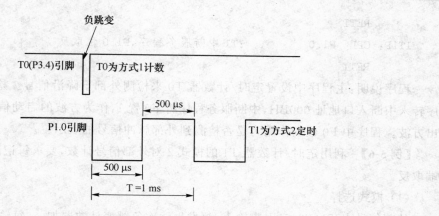

图 5-10　负跳沿触发的周期为 1 ms 的方波

（1）计算 T1 的初值

设 T1 的初值为 X，则$(2^8-X)\times2\times10^{-6}=5\times10^{-4}$，所以 $X=2^8-250=6=06\text{H}$。

（2）程序设计

参考程序：

```
        ORG     0000H           ;程序入口
RESET：LJMP    MAIN            ;跳向主程序 MAIN
        ORG     000BH           ;T0 的中断入口
        LJMP    IT0P            ;转 T0 中断服务程序
        ORG     001BH           ;T1 的中断入口
        LJMP    IT1P            ;转 T1 中断服务程序
        ORG     0100H           ;主程序入口
MAIN：MOV     SP,#60H         ;设堆栈指针
        MOV     TMOD,#26H       ;对 T0,T1 初始化,T0 方式 1 计数,T1 方式 2 定时:
        MOV     TL0,#0FFH       ;T0 置初值
        MOV     TH0,#0FFH
        SETB    ET0             ;允许 T0 中断
        MOV     TL1,#06H        ;T1 置初值
        MOV     TH1,#06H
        CLR     F0              ;把 T0 已发生中断标志 F0 清 0
        SETB    EA              ;总中断允许
        SETB    TR0             ;启动 T0
LOOP：JNC   F0,LOOP         ;T0 未产生中断,C = 0,则跳到 LOOP,等待 T0 中断
        SETB    ET1             ;允许 T1 产生定时中断
        SETB    TR1             ;启动 T1
HERE：AJMP   HERE
IT0P：CLR   TR0             ;T0 中断服务程序,停止 T0 计数
        SETBF0                  ;把 T0 引脚接收过负脉冲标志 F0 置 1,即接收过负跳变
```

```
                RETI
    IT1P： CPL   P1.0                  ;T1 中断服务程序,P1.0 位取反
                RETI
```

程序说明:主程序中设置定时/计数器 T0 来检测外部下降沿信号。检测到信号以后程序转入中断入口地址 000BH,中断服务程序将 F0 置 1,作为方波的启动信号,使用 T1 来输出方波。程序中 F0 位的作用为是否检测到外部脉冲信号的表示位。

【例 5-6】 利用定时/计数器 T1 的模式 2 对外部信号计数,要求每记满 100 次,将 P1.0 端取反。

(1) 模式选择

外部信号由 T1(P3.5)引脚输入,每发生一次负跳变计数器加一,每输入 100 个脉冲,计数器溢出一次,中断服务程序将 P1.0 取反一次。

T1 工作于计数模式的方式 2,控制字为 TMOD=60H。T0 不用时,TMOD 的低 4 位可以任意设置,但不能使 T0 进入方式 3,一般取 0。

(2) 初值计算

因为 $X=2^8-100=156=9$CH,所以,TL1 的初值为 9CH。

(3) 参考程序

```
          ORG   0000H
          LJMP  MAIN
          ORG   001BH          ;中断服务程序入口地址
          CPL   P1.0           ;P1.0 取反
          RETI
    MIAN： MOV   TMOD,#60H      ;设置 T1 为计数模式方式 2
          MOV   TL1,#9CH       ;装入初值
          MOV   TH1,#9CH       ;装入初值
          MOV   IE,#88H        ;开放 T1 中断
          SETB  TR1            ;打开定时器 T1
    HERE： SJMP  HERE           ;等待中断
```

3. 方式 3 应用

方式 3 下的 T0 和 T1 大不相同。T0 工作在方式 3,TL0 和 TH0 被分成两个独立的 8 位定时器/计数器。其中,TL0 可作为 8 位的定时器/计数器,而 TH0 只能作为 8 位的定时器。此时 T1 只能工作在方式 0、1 或 2。

一般情况下,当 T1 用作串行口波特率发生器时,T0 才设置为方式 3。此时,常把定时器 T1 设置为方式 2,用作波特率发生器。

【例 5-7】 假设某 AT 89S51 单片机应用系统的两个外部中断源已被占用,设置 T1 工作在方式 2,用作波特率发生器。现要求增加一个外部中断源,并控制 P1.0 引脚输出一个 5 kHz (周期为 200 μs)的方波。设时钟为 12 MHz。

基本思想:设置 TL0 工作在方式 3 计数模式,TL0 的初值设为 0FFH,当检测到 T0 脚信号出现负跳变时,TL0 溢出,同时向 CPU 申请中断,这里 T0 脚作为一个负跳沿触发的外部中断请求输入端。在中断处理子程序中,启动 TH0,TH0 事先被设置为方式 3 的 100 μs 定时,从而控制 P1.0 输出周期为 200 μs 的方波信号。

(1) 初值 X 计算

TL0 的初值设为 0FFH。

5 kHz 方波的周期为 200 μs,因此 TH0 的定时时间为 100 μs。初值 X 计算:

$$(2^8 - X) \times 1 \times 10^{-6} = 1 \times 10^{-4}$$

$$X = 2^8 - 100 = 156 = 9CH$$

(2) 程序设计

```
            ORG 0000H
            LJMP MAIN
            ORG 000BH          ;TL0 中断入口,TL0 使用 T0 的中断
            LJMP  TL0INT       ;跳向 TL0 中断服务程序,TL0 占用 T0 中断
            ORG   001BH        ;TH0 中断入口,T1 为方式 3 时,TH0 使用了 T1 的中断
            LJMP  TH0INT       ;跳向 TH0 中断服务程序
            ORG   0100H        ;主程序入口
MAIN:   MOV   TMOD,#27H       ;T0 方式 3,T1 方式 2 定时作串行口波特率发生器
        MOV   TL0,#0FFH       ;置 TL0 初值
        MOV   TH0,#9CH        ;置 TH0 初值
        MOV   TL1,#datal      ;TL1 装入串口波特率常数
        MOV TH1,#datah        ;TH1 装入串口波特率常数
        MOV   TCON,#15H       ;允许 T0 中断
        MOVIE,#9FH            ;设置中断允许,总中断允许,TH0、TL0 中断允许
HERE:   AJMP   HERE           ;循环等待
TL0INT: MOV   TL0,#0FFH       ;TL0 中断服务处理子程序,TL0 重新装入初值
        SETB   TR1            ;开始启动 TH0 定时
        RETI
TH0INT: MOV   TH0,#9CH        ;TH0 中断服务程序,TH0 重新装入初值
        CPL P1.0             ;P1.0 位取反输出
        RETI
```

4. 门控位的应用

【例 5-8】　测量 $\overline{\text{INT1}}$ 引脚上出现的正脉冲宽度。

将 T1 设置为定时模式的方式 1,且 GATE=1,计数初值为 0,将 TR1 置 1,如图 5-11 所示。当 $\overline{\text{INT1}}$ 引脚上出现高电平时,开始对机器周期计数;当 $\overline{\text{INT1}}$ 引脚上信号变为低电平时,停止计数,然后读取定时计数器的值。

图 5-11 测量的正脉冲波形

参考程序：

```
            ORG 0000H
RESET:      AJMP MAIN            ;复位入口转主程序
            ORG   0100H          ;主程序入口
MAIN:       MOV   SP,#60H
            MOV   TMOD,#90H      ;向 TMOD 写控制字,T1 为方式 1 定时,GATE1 = 1
            MOV   TL1,#00H
            MOV   TH1,#00H
LOOP0:      JB    P3.3,LOOP0     ;等待 INT0 变低
            SETB  TR1            ;如 INT0 为低,启动 T1
LOOP1:      JNB   P3.3,LOOP1     ;等待 升高
LOOP2:      JB    P3.3,LOOP2     ;INT0 为高,此时计数器计数,等待降低
            CLR   TR1            ;停止 T1 计数
            MOV   A,TL1          ;T1 计数值送 A
```

5. 实时时钟的设计

（1）实现实时时钟的基本思想

最小计时单位是秒,如何获得 1 s 的定时时间呢？从前面介绍知,定时器方式 1,最大定时时间也只能 131 ms。可将定时器的定时时间定为 100 ms,中断方式进行溢出次数的累计,计满 10 次,即得秒计时。而计数 10 次可用循环程序的方法实现。初值的计算如例 5-3 所示。

片内 RAM 规定 3 个单元为秒、分、时单元：42H：“秒”单元；41H：“分”单元；40H：“时”单元从秒到分,从分到时是通过软件累加并比较来实现。要求每满 1 秒,则“秒”单元 42H 中的内容加 1；“秒”单元满 60,则“分”单元 41H 中的内容加 1；“分”单元满 60,则“时”单元 40H 中的内容加 1；“时”单元满 24,则将 42H、41H、40H 的内容全部清“0”。

（2）程序设计

① 主程序设计

进行定时器 T0 初始化,并启动 T0,然后反复调用显示子程序,等待 100 ms 中断到来,流程如图 5-12 所示。

② 中断服务程序的设计

实现秒、分、时的计时处理,流程如图 5-12 所示。

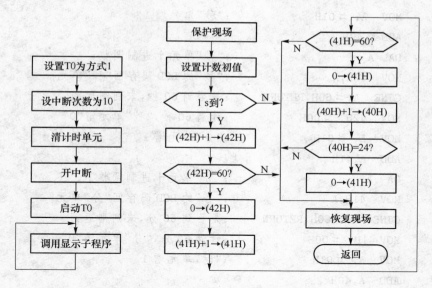

图 5-12   实时时钟程序流程图

参考程序：

```
            ORG 0000H
            AJMP MAIN                      ;上电,跳向主程序
            ORG   000BH                    ;T0 的中断入口
            AJMP ITOP
            ORG    1000H
MAIN:       MOV   TMOD,#01H                ;设 T0 为方式 1
            MOV   20H,#0AH                 ;装入中断次数
            CLR   A
            MOV 40H, A                     ;"时"单元清"0"
            MOV   41H, A                   ;"分"单元清"0"
            MOV   42H, A                   ;"秒"单元清"0"
            SETB  ET0                      ;允许 T0 申请中断
            SETB  EA                       ;总中断允许
            MOV   TH0,#3CH                 ;给 T0 装入计数初值
            MOV   TL0,#0B0H
            SETB  TR0                      ;启动 T0
HERE:       SJMP   HERE                    ;等中断(也可调用显示子程序)
ITOP:       PUSH  PSW                      ;T0 中断子程序入口,保护现场
            PUSH  Acc
            MOV   TH0,#3CH                 ;重新装入初值
            MOV   TL0,#0B0H
            DJNZ  20H,RETURN               ;1 秒时间未到,返回
            MOV   20H,#0AH                 ;重置中断次数
```

```
        MOV  A，#01H              ;"秒"单元增1
        ADD A,42H
        DA  A                    ;"秒"单元十进制调整
        MOV  42H,A               ;"秒"的 BCD 码存回"秒"单元
        CJNE  A,#60H,RETURN       ;是否到 60 秒,未到则返回
        MOV  42H,#00H            ;计满 60 秒,"秒"单元清"0"
        MOV  A,#01H              ;"分"单元增1
        ADD  A,41H
        DA  A                    ;"分"单元十进制调整
        MOV  41H,A               ;"分"的 BCD 码存回"分"单元
        CJNE  A,#60H,RETURN       ;是否到 60 分,未到则返回
        MOV 41H,#00H            ;计满 60 分,"分"单元清"0"
        MOV  A,#01H              ;"时"单元增1
        ADD  A,40H
        DA  A                    ;"时"单元十进制调整
        MOV  40H,A
        CJNE  A,#24H,RETURN       ;是否到 24 小时,未到则返回
        MOV  40H,#00H           ;到 24 小时,"时"单元清"0"
RETURN： POP Acc                  ;恢复现场
        POP  PSW
        RETI                     ;中断返回
        END
```

本 章 小 结

中断系统以及定时/计数器是单片机系统开发时常用的内部资源。通过中断系统可以及时的响应和处理突发的事件;通过定时/计数器可以实现有关于频率及时间的控制。

中断系统一共有 5 个中断源,分别是外部中断 0、外部中断 1、定时/计数器 0 中断、定时/计数器 1 中断,以及串行口中断。外部中断有两种触发方式分别是低电平触发和下降沿触发。对中断进行控制有三个特殊功能寄存器 TCON、IE、IP。其中 TCON 用来设置外部中断的触发方式,还包含四个中断请求标志位;IE 用来设置中断的开放与关断;IP 用来设置中断的优先级。中断编程一般要先进行中断初始化,即先通过指令对中断控制位进行设置。

定时/计数器可用于定时控制、延时、对外部事件计数和检测等场合。MCS-51 单片机内部有两个定时/计数器 T0、T1。T0 由 TH0 和 TL0 组成,T1 由 TH1 和 TH0 组成。定时/计数器有定时模式和计数模式两种模式。其中定时模式下可用来定时,计数模式下可以对外部脉冲信号进行计数。四种工作方式:方式 0、方式 1、方式 2、方式 3。方式 0 是 13 位定时/计数器;方式 1 是 16 位定时/计数器;方式 2 是 8 位自动重置初值定时/计数器;方式 3 下 T0 可分为两个 8 位定时/计数器,T1 停止计数。定时/计数器的启动停止由 TCON 中

的 TR0 和 TR1 控制,定时/计数器的工作方式选择由 TMOD 中的 M1,M0 设置。一般方式 1 可用来进行较长时间定时,方式 2 可用来进行精确定时,方式 3 可用来作为串行口的波特率发生器。在编程时,首先要对定时/计数器的各个控制位进行设置。

习　题

5-1　80C51 有几个中断源? 各中断标志是如何产生的? 又是如何复位的? CPU 响应中断时,其中断入口地址是多少?

5-2　分别用汇编和 C 语言实现 80C51 外部中断 0 下降沿,点亮 LED 灯(LED 高电平亮)。

5-3　如何实现外部中断 1 的优先级高于外部中断 0?

5-4　串口中断与其他四个中断的区别?

5-5　RETI 与 RET 的区别?

5-6　说明定时计数器的工作模式和方式,分别是什么?

5-7　定时器方式 2 有什么特点,适用于什么场合?

5-8　AT89S51 内部有几个定时/计数器,它们是由哪些特殊功能寄存器组成的?

5-9　简述定时/计数器的四种工作方式。

5-10　如果采用的晶振为 3 MHz,定时/计数器工作在方式 0、方式 1、方式 2 下,最大定时时间分别是多少?

5-11　定时/计数器用作定时模式时,其计数脉冲由谁提供? 定时时间与哪些因素有关?

5-12　一个定时器的定时时间有限,如何实现两个定时器的串行定时,来进行较长时间的定时?

5-13　采用定时/计数器 T0 对外部脉冲进行计数,每计 100 个脉冲后,T0 转为定时工作方式。定时 1 ms 后又转为计数工作方式,如此循环不止。(晶振频率为 6 MHz)编写程序实现。

5-14　已知单片机的振荡频率为 6 MHz,利用 T0 和 P1.0 输出矩形波,矩形波高电平和低电平的宽度分别为 2 ms 和 500 μs,编程实现。

5-15　编写一段程序,要求当 P1.0 引脚电平正跳变时,对 T0 引脚的输入脉冲进行计数;当 P1.2 引脚的电平负跳变时,停止计数,并将计数值写入 R0,R1 中。

5-16　利用定时/计数器 T0 产生定时时钟,由 P1 口控制 8 个指示灯。编写一个程序,使 8 个指示灯依次闪烁,闪烁频率为 1 秒。

第 6 章　单片机串行口及应用

学 习 目 标

(1) 熟悉单片机串口的工作方式。
(2) 掌握单片机串口波特率的设置方法。
(3) 掌握单片机串口引脚信号功能及连线。
(4) 掌握单片机双机通信。

学 习 重 点 和 难 点

(1) 单片机串行口硬件结构。
(2) 奇偶校验在单片机中的实现方法。
(3) 串口通信中正确接收和发送的程序编写。
(4) 多机通信及协议的设计方法。

6.1　串行通信的基本概念

在数据通信中,按照每次传送的数据位数,通信可以分为并行通信和串行通信。并行通信是将发送设备和接收设备的所有数据位用多条数据线连接并同时传送,如图 6-1 所示。

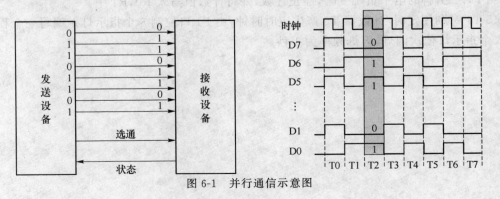

图 6-1　并行通信示意图

并行通信除了数据线外还有通信联络控制线,例如图中的"选通"信号和"状态"信号。数据发送方在发数据前,要询问数据接收方是否"准备就绪"。数据接收方收到数据后,要向数据发送方回送数据已经接收到的"应答"信号。

并行通信的特点是:控制简单,传输速度快,但长距离通信时线路成本高。

串行通信是将数据分成一位一位的形式在一条传输线上逐个地传送,如图 6-2 所示。串行通信时,数据发送设备先将数据代码由并行形式转换成串行形式,然后在一条数据线上逐位进行传送。数据接收设备将接收到的串行形式数据转换成并行形式进行存储或处理。

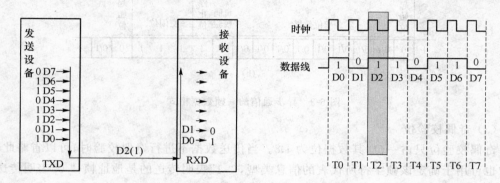

图 6-2　串行通信示意图

串行通信与并行通信相比较具有传送控制复杂和速度较慢的缺点,但串行通信由于仅使用一条数据线,具有线路成本低的优点,尤其在距离较远的场合更加节省成本。MCS-51单片机具有一个全双工的异步串行接口。串行接口在进行通信时,需要解决的一个重要的问题就是同步的问题。

6.1.1　异步通信和同步通信

通信双方要正确地进行数据传输,需要解决何时开始传输,何时结束传输,以及数据传输速率匹配等问题,即解决数据同步问题。实现数据同步,通常有两种方式,即异步通信和同步通信。

1. 异步通信

在异步通信中,数据一帧一帧地传送。每一帧由一个字符代码组成,一个字符代码由起始位、数据位、奇偶校验位和停止位 4 部分组成。每一帧的数据格式如图 6-3 所示。

一个串行帧的开始是一个起始位"0",然后是 5～8 位数据(规定低位数据在前,高位数据在后),接着是奇偶校验位(此位可省略),最后是停止位"1"。

(1) 起始位

起始位"0"占用一位,用来通知接收设备,开始接收字符。通信线在不传送字符时,一直保持为"1"。接收端不断检测线路状态,当测到一个"0"电平时,就知道发来一个新字符,马上进行接收。起始位还被用作同步接收端的时钟,以保证以后的接收能正确进行。

(2) 数据位

数据位是要传送的数据,可以是 5 位、6 位或更多。当数据位是 5 位时,数据位为 D0～D4;当数据位是 6 位时,数据位为 D0～D5;当数据位是 8 位时,数据位为 D0～D7。

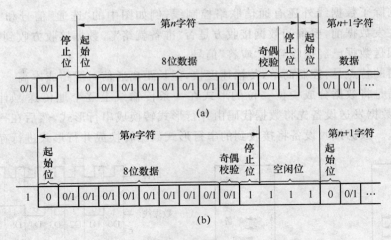

图 6-3 异步通信的一帧数据格式

（3）奇偶校验位

奇偶校验位只占一位，其数据位为 D8。当传送数据不进行奇偶校验时，可以省略此位。此位也可用于确定该帧字符所代表的信息类型，"1"表明传送的是地址帧，"0"表明传送的是数据帧。

（4）停止位

停止位用来表示字符的结束，停止位可以是 1 位、1.5 位或 2 位。停止位必须是高电平。接收端接收到停止位后，就知道此字符传送完毕。

图 6-3(a)表示一个字符紧接一个字符的传送情况，图 6-3(b)表示两个字符之间有空闲位的情况，空闲位为"1"，线路处于等待状态。空闲位是异步通信的特征之一。

2. 同步通信

在同步通信中，发送端首先发送同步字符，紧接着连续传送数据（即数据块），字符与字符之间没有间隙。同步通信时建立发送方时钟对接收方时钟的直接控制，使数据传送完全同步。

同步通信传送速度较快，但硬件结构比较复杂；异步通信的特点是硬件结构较简单，但传送速度较慢。MCS-51 单片机采用异步通信方式。

6.1.2 串行通信的方式

串行通信有单工通信、半双工通信和全双工通信 3 种方式。

（1）单工通信：数据只能单方向地从一端向另一端传送。例如，目前的有线电视节目，只能单方向传送。

（2）半双工通信：数据可以双向传送，但任一时刻只能向一个方向传送。也就是说，半双工通信可以分时双向传送数据。例如，目前的某些对讲机，任一时刻只能一方讲，另一方听。

（3）全双工通信：数据可同时向两个方向传送。全双工通信效率最高，适用于计算机之间的通信。

6.1.3　传输速率与传输距离

数据的传输速率可以用比特率或波特率描述。比特率是每秒钟传送的信息量,单位是:位/秒(bit/s)。波特率是每秒传送的码元数,单位是:波特(Baud)。对于二进制基带传输,波特率和比特率在数量上相等,通常,用波特率描述计算机串行通信应用中的传输速率。标准波特率数值为:110、300、600、1 200、1 800、2 400、4 800、9 600、14.4k、19.2k、28.8k、33.6k、56k。

串行通信的传输距离与波特率及传输线的电气特性有关。在电气特性不变的情况下,传输距离随传输速率的增加而减小。

6.1.4　串行通信的差错校验

在通信过程中往往要对数据传送的正确与否进行校验。校验是保证准确无误传输数据的关键。常用的校验方法有奇偶校验、代码和校验及循环冗余校验。

1. 奇偶校验

在发送数据时,数据位尾随的 1 位为奇偶校验位(1 或 0)。当约定为奇校验时,数据中"1"的个数与校验位"1"的个数之和应为奇数;当约定为偶校验时,数据中"1"的个数与校验位"1"的个数之和应为偶数。接收方与发送方的校验方式应一致。接收字符时,对"1"的个数进行校验,若发现不一致,则说明传输数据过程中出现了差错。

2. 代码和校验

代码和校验是发送方将所发数据块求和(或各字节异或),产生一个字节的校验字符(校验和)附加到数据块末尾。接收方接收数据同时对数据块(除校验字节外)求和(或各字节异或),将所得的结果与发送方的"校验和"进行比较,相符则无差错,否则即认为传送过程中出现了差错。

3. 循环冗余校验

循环冗余校验是通过某种数学运算实现有效信息与校验位之间的循环校验,常用于对磁盘信息的传输、存储区的完整性校验等。这种校验方法纠错能力强,广泛应用于同步通信中。

6.2　MCS-51 单片机串行口

在 MCS-51 单片机内部有一个通用异步接收/发送器(UART),能同时发送和接收数据,这是一个全双工串行接口,简称串行口。利用串行口可以实现单片机之间的单机通信、多机通信,以及与 PC 之间的通信。

6.2.1　串行口结构

MCS-51 有一个可编程的全双工串行通信接口,可作为通用异步接收/发送器 UART,也可作为同步移位寄存器。它的帧格式有 8 位、10 位和 11 位,可以设置为固定波特率和可变波特率。

MCS-51 单片机串行接口内部结构如图 6-4 所示。有两个缓冲器 SBUF,一个是发送缓冲器,另一个是接收缓冲器,这两个缓冲器在物理结构上是完全独立的。它们都是字节寻址的寄存器,字节地址均为 99H。这个重叠的地址靠读/写指令区分:串行发送时,CPU 向 SBUF 写入数据,此时 99H 表示发送 SBUF;串行接收时,CPU 从 SBUF 读出数据,此时 99H 表示接收 SBUF。

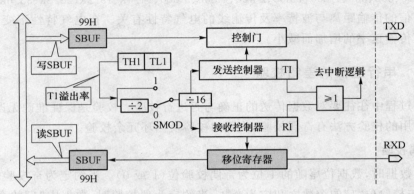

图 6-4　串行接口内部结构

串行发送与接收的速率与移位时钟同步,定时器 T1 作为串行通信的波特率发生器,T1 溢出率经 2 分频(或不分频)又经 16 分频作为串行发送或接收的移位时钟,移位时钟的速率即波特率。

接收器是双缓冲结构,由于在前一个字节从接收缓冲器读出之前,就开始接收第二个字节(串行输入至移位寄存器),若在第二个字节接收完毕而前一个字节未被读走时,就会丢失前一个字节的内容。

串行口的发送和接收都是以特殊功能寄存器 SBUF 的名称进行读或写的,当向 SBUF 发"写"命令时(MOV SBUF,A),即是向发送缓冲器 SBUF 装载并开始由 TXD 引脚向外发送一帧数据,发送完后便使发送中断标志 TI=1;在串行口接收中断标志 RI(SCON.0)=0 的条件下,置允许接收位 REN(SCON.4)=1,就会启动接收过程,一帧数据进入输入移位寄存器,并装载到接收 SBUF 中,同时使 RI=1。执行读 SBUF 的命令(MOV A,SBUF),则可以由接收缓冲器 SBUF 取出信息并通过内部总线送 CPU。

对于发送缓冲器,因为发送时 CPU 是主动的,不会产生重叠错误。

6.2.2　串行口控制寄存器

串行口控制寄存器 SCON,用来选择串行口工作方式、控制数据接收和发送,并标示串行口的工作状态等。当串行口接收数据时,外界的串行信号通过单片机的引脚 RXD(P3.0 串行数据接收端),进入串行口的接收数据缓冲器。当串行口发送数据时,CPU 将数据写入发送数据缓冲器,由发送数据缓冲器将数据通过引脚 TXD(P3.1 串行数据发送端),发送至外部的通信设备。特殊功能寄存器 PCON 控制串行口的波特率。

接收/发送数据,无论是否采用中断方式工作,每接收/发送一个数据都必须用指令对串行中断标志 RI/TI 清 0,以备下一次接收/发送数据。

1. 串行口控制寄存器 SCON

串行口控制寄存器 SCON 决定串行口通信工作方式,控制数据的接收和发送,并标示串行口的工作状态等。其位格式如下:

SCON （98H） D7　　D6　　D5　　D4　　D3　　D2　　D1　　D0

| SM0 | SM1 | SM2 | REN | TB8 | RB8 | TI | RI |

(1) SM0、SM1:串行口工作方式控制位,对应 4 种工作方式,如表 6-1 所示(f_{osc} 是晶振频率)。

表 6-1 串行口的工作方式

SM0 SM1	工作方式	说 明	波 特 率
0　0	方式 0	同步移位寄存器	$f_{osc}/12$
0　1	方式 1	10 位移位收发器	由定时器控制
1　0	方式 2	11 位移位收发器	$f_{osc}/32$ 或 $f_{osc}/64$
1　1	方式 3	11 位移位收发器	由定时器控制

(2) SM2:多机通信控制位,主要用于工作方式 2 和工作方式 3。若 SM2＝1,则允许多机通信。多机通信规定:第 9 位数据位为 1(即 TB8＝1),说明本帧数据为地址帧;第 9 位数据位为 0(即 TB8＝0),则本帧数据为数据帧。当从机接收到的第 9 位数据(在 RB8 中)为 1 时,数据才装入接收缓冲器 SBUF,并置 RI＝1 向 CPU 申请中断;如果接收到的第 9 位数据(在 RB8 中)为 0,则不置位中断标志 RI,信息丢失。

当 SM2＝0 时,则不管接收到第 9 位数据是否为 1,都产生中断标志 RI,并将接收到的数据装入 SBUF。应用这一特点可以实现多机通信。

串行口工作在方式 0 时,SM2 必须设置为 0;工作在方式 1 时,如 SM2＝1,则只有接收到有效的停止位时才会激活 RI。

(3) REN:允许接收控制位。当 REN＝1 时,允许接收;当 REN＝0 时,禁止接收。此位由软件置 1 或清零。

(4) TB8:在方式 2 和方式 3 中,此位为发送数据的第 9 位,在多机通信中作为发送地址帧或数据帧的标志。TB8＝1,说明该发送帧为地址帧;TB8＝0,说明该发送帧为数据帧。在许多通信协议中,它可作为奇偶校验位。此位由软件置 1 或清零。在方式 0 和方式 1 中,此位未使用。

(5) RB8:接收数据的第 9 位。在方式 2 和方式 3 中,接收到的第 9 位数据放在 RB8 中。它或是约定的奇/偶校验位,或是约定的地址/数据标志位。在方式 2 和方式 3 多机通信中,若 SM2＝1 且 RB8＝1,说明接收到的数据为地址帧。

(6) TI:发送中断标志位,在一帧数据发送完时置位。TI＝1,申请中断,说明发送缓冲器 SBUF 已空,CPU 可以发送下一帧数据。中断被响应后,TI 不能自动清零,必须由软件清 0。

(7) RI:接收中断标志位。在接收到一帧有效数据后,由硬件置位。RI＝1,申请中断,表示一帧数据接收结束,并已装入接收缓冲器 SBUF 中,CPU 响应中断,取走数据。RI 不能自动清零,必须由软件清零。

串行口发送中断标志 TI 和接收中断标志 RI,共为一个中断源。因此,CPU 接收到中断请求后,不知道是发送中断 TI 还是接收中断 RI,必须用软件来判别。单片机复位后,控制寄存器 SCON 的各位均清零。

2. 电源控制寄存器 PCON

电源控制寄存器 PCON 中只有一位 SMOD 与串行口工作有关,它的位格式如下:

PCON　（87H）　D7　　D6　　D5　　D4　　D3　　D2　　D1　　D0

SMOD							

SMOD:波特率倍增位。串行口工作在方式 1、方式 2、方式 3 时,波特率与 SMOD 有关,当 SMOD＝1 时,波特率提高一倍;复位时,SMOD＝0。

6.2.3　串行口的工作方式

在串行口的 4 种工作方式中,串行通信一般使用方式 1、方式 2 和方式 3,方式 0 主要用于扩展并行输入/输出口。

1. 串行口工作方式 0

工作在方式 0 时,串行口为同步移位寄存器的输入或输出方式,主要用于扩展并行输入或输出口。数据由 RXD(P3.0)端输入或输出,同步移位脉冲由 TXD(P3.1)端输出,发送和接收的是 8 位数据,低位在先,高位在后。其波特率是固定的,为 $f_{osc}/12$。

(1) 串行口用于扩展并行输出口

利用串行口扩展并行输出口的扩展电路如图 6-5 所示。

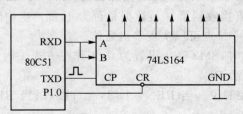

图 6-5　串行口扩展为并行输出口电路图

只要执行一条 写 SBUF 指令,数据便开始从 RXD 端串行发送,在同步移位脉冲 TXD 的作用下,一位一位地移入 8 位移位寄存器 74LS164 中。方式 0 发送的时序如图 6-6 所示。

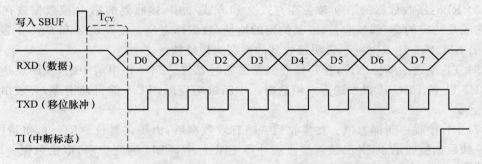

图 6-6　工作方式 0 发送时序图

在写入 SBUF 信号有效后,相隔一个机器周期,输出移位寄存器的内容逐次送 RXD 引脚输出。移位脉冲由 TXD 引脚输出,它使 RXD 引脚输出的数据移入外部移位寄存器。当数据的最高位 D7 移至输出移位寄存器的输出位时,再移位一次就完成了一个字节的输出,这时,发送中断标志 TI 置"1",向 CPU 申请中断。中断响应后,TI 不能自动清零,必须用软件清零。

74LS64 的 CR 引脚用于使其数据清 0,不使用清 0 功能时,可以将该引脚上拉成高电平。74LS64 的 A 引脚和 B 引脚互为选通控制,A 为选通控制时,B 为输入;B 为选通控制时,A 为输入,此处将 A 和 B 短接作为 74LS64 的串行数据输入端。

(2) 串行口用于扩展并行输入口

利用串行口扩展并行输入口的扩展电路如图 6-7 所示。

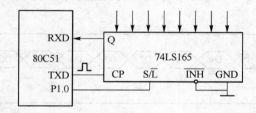

图 6-7　串行口扩展为并行输入口电路图

在满足 REN＝1 和 RI＝0 的条件下,会启动一次接收过程。此时,RXD 为串行输入端,TXD 为同步移位脉冲输出端。在同步移位脉冲的作用下,74LS165 中的数据一位一位地通过 RXD 端进入接收缓冲器 SBUF 中。方式 0 的接收时序如图 6-8 所示。

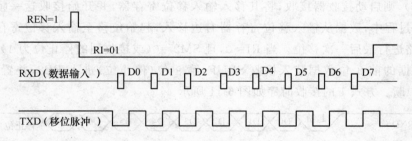

图 6-8　工作方式 0 接收时序图

当接收完一帧数据后,接收中断标志 RI 置"1",向 CPU 申请中断,表示接收缓冲器已满。中断响应后,RI 不能自动清零,必须用软件清零。

74LS165 的 S/$\overline{L}$ 引脚的负脉冲用于将并行数据装入,该引脚为高电平时就可以启动单片机进行数据输入。$\overline{INH}$ 是时钟输入禁止控制引脚,通常将其接地。

2. 串行口工作方式 1

串行口工作在方式 1 时,是 10 位帧格式异步通信接口。TXD 为发送端,RXD 为接收端。收发一帧数据的帧格式为:1 位起始位、8 位数据位(低位在前)和 1 位停止位,如图 6-9 所示。

图 6-9　串行口方式 1 的数据帧格式

（1）方式 1 发送数据

方式 1 发送数据时，数据由 TXD 端输出。CPU 执行一条写入 SBUF 的指令后，就启动串行口开始发送数据。发送波特率由内部定时器 T1 控制。发送完一帧数据时，发送中断标志 TI 置"1"，向 CPU 申请中断。方式 1 的发送时序如图 6-10 所示。

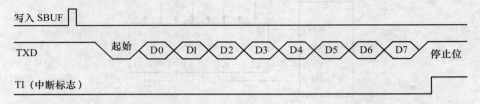

图 6-10　串行口工作方式 1 的发送时序图

（2）方式 1 接收数据

方式 1 接收数据时，数据从 RXD 输入。当接收允许位 REN 置"1"后，接收器以 16 倍波特率的 16 倍速率采样接收端 RXD 引脚电平，如果检测到起始位（即在 RXD 上检测到 1 至 0 的跳变），则启动接收器接收，将其移入输入移位寄存器，并开始接收这一帧信息的其余位。接收过程中，数据从输入移位寄存器右边移入，起始位移至输入移位寄存器最左边时，控制电路进行最后一次移位。当 RI＝0，且 SM2＝0（或接收到的停止位为 1）时，将接收到第 9 位数据的前 8 位数据装入接收 SBUF，第 9 位（停止位）进入 RB8，并置 RI＝1，向CPU 请求中断。方式 1 的接收时序如图 6-11 所示。

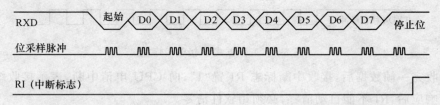

图 6-11　串行口工作方式 1 接收时序图

3. 串行口工作方式 2 和工作方式 3

串行口方式 2 和方式 3 均为 11 位异步通信接口，由 TXD 和 RXD 发送与接收数据。这两种工作方式除波特率不同外，其他操作完全相同。收发一帧数据的帧格式为：1 位起始位、8 位数据位（低位在前）、1 位可编程的第 9 数据位和 1 位停止位，如图 6-12 所示。

发送时，第 9 数据位（TB8）可以设置为 1 或 0，也可以将奇偶位装入 TB8 中，进行奇偶校验；接收时，第 9 位数据进入 SCON 的 RB8 中。

图 6-12 串行口方式 2 和方式 3 的数据帧格式

（1）方式 2 和方式 3 发送数据

CPU 向 SBUF 写入数据时，就启动了串行口的发送过程。SCON 中的 TB8 写入输出移位寄存器的第 9 位，8 位数据装入 SBUF。方式 2 和方式 3 的发送时序如图 6-13 所示。

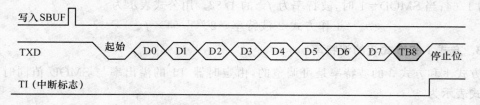

图 6-13 串行口工作方式 2 和工作方式 3 发送时序图

发送开始时，先把起始位 0 输出到 TXD 引脚，然后发送移位寄存器的输出位（D0）到 TXD 引脚。每一个移位脉冲都使输出移位寄存器的各位右移一位，并由 TXD 引脚输出。第一次移位时，停止位"1"移入输出移位寄存器的第 9 位上，以后每次移位，左边都移入 0。当停止位移至输出位时，左边其余位全为 0，检测电路检测到这一条件时，使控制电路进行最后一次移位，并置 TI=1，向 CPU 请求中断。

（2）方式 2 和方式 3 接收数据

当 RI=0 时，软件使接收允许位 REN 为 1 后，接收器就以所选频率的 16 倍速率开始取样 RXD 引脚的电平状态，当检测到 RXD 引脚发生负跳变时，说明起始位有效，将其移入输入移位寄存器，开始接收这一帧数据。方式 2 和方式 3 的接收时序如图 6-14 所示。

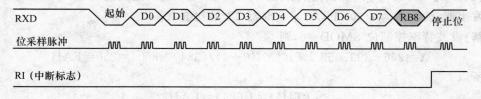

图 6-14 串行口工作方式 2 和工作方式 3 接收时序图

方式 2 和方式 3 接收数据时，应首先使 SCON 中的 REN=1，允许接收。当检测到起始位时，开始接收 9 位数据。当满足 RI=0 且 SM2=0 或接收到的第 9 位为 1 时，前 8 位数据装入 SBUF，第 9 位数据装入 SCON 中的 RB8，并置 RI=1，向 CPU 申请中断；否则，该次接收无效，不将 RI 置 1。

6.2.4 波特率设置

在串行通信中，收发双方对发送或接收的数据的波特率要有一个约定。MCS-51 单片机串行口有 4 种工作方式：方式 0 和方式 2 的波特率固定不变；方式 1 和方式 3 的波特率可以变化，由定时器 T1 的溢出率决定。串行口 4 种工作方式对应的波特率根据时钟频率、定时器 1 的溢出率和标志设定进行计算。

1. 方式 0 的波特率

工作方式 0 时，每个机器周期产生一个移位脉冲，发送或接收一位数据。因此，波特率是固定的，为振荡频率的 1/12，不受 PCON 寄存器中 SMOD 的影响。用公式表示为

$$工作方式 0 的波特率 = f_{osc}/12$$

2. 方式 2 的波特率

工作方式 2 时，波特率取决于 PCON 中的 SMOD 位的值，当 SMOD＝0 时，波特率为 f_{osc} 的 1/64；当 SMOD＝1 时，波特率为 f_{osc} 的 1/32。用公式表示为

$$工作方式 2 波特率 = 2^{SMOD}/64 \times f_{osc}$$

3. 方式 1 和方式 3 的波特率

方式 1 和方式 3 的波特率是可调整的，由定时器 T1 的溢出率与 SMOD 值同时决定。用公式表示为

$$工作方式 1 的波特率 = (2^{SMOD}/32) \times T1 的溢出率$$
$$工作方式 3 的波特率 = (2^{SMOD}/32) \times T1 的溢出率$$

其中，T1 的溢出速率取决于 T1 的计数速率（在定时方式时，计数速率 $= f_{osc}/12$）和 T1 的预置初值。

定时器 T1 作波特率发生器时，通常选用定时器 T1 工作在方式 2，并使其工作在定时方式（即 C/T＝0）。此时，T1 的计数速率为 $f_{osc}/12$（这时应禁止 T1 中断）。设定时器初值为 X，则每过"256－X"个机器周期，定时器 T1 产生一次溢出。用公式表示为

$$T1 的溢出速率 = (f_{osc}/12)/(256-X)$$

当给出波特率后，可用下式计算出定时器 T1 工作在方式 2 的初始值为

$$X = 256 - (f_{osc} \times (SMOD+1))/(384 \times 波特率)$$

【例 6-1】 8051 单片机时钟振荡频率为 11.059 2 MHz，选用定时器 T1（方式 2）作波特率发生器，波特率为 4 800 bit/s，求定时器 T1 的初值 X。

解： 设波特率控制位 SMOD＝0，则

$$X = 256 - (11.059\ 2 \times 10^6 \times (0+1)/(384 \times 4800) = 250 = FAH$$

所以

$$(TH1) = (TL1) = FAH$$

系统晶振频率选用 11.059 2 MHz，是为了使初值为整数，从而产生精确的波特率。

6.3　串行口应用

6.3.1　串行口方式 0 的应用

8051 单片机串行口方式 0 为移位寄存器方式，外接一个串入并出的移位寄存器，就可

以扩展一个并行口。

【例 6-2】　用 8051 串行口外接 CD4094 扩展 8 位并行输出口,如图 6-15 所示,8 位并行口的各位都接一个发光二极管,要求使发光二极管呈流水灯状态。

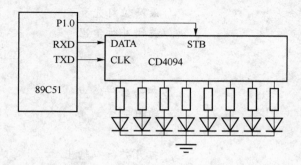

图 6-15　用 CD4094 扩展 8 位并行输出口

串行口方式 0 的数据传送可采用中断方式,也可采用查询方式,无论哪种方式,都要借助于 TI 或 RI 标志。串行发送时,可以靠 TI 置位(发完一帧数据后)引起中断申请,在中断服务程序中发送下一帧数据,或者通过查询 TI 的状态,只要 TI 为 0 就继续查询,TI 为 1 就结束查询,发送下一帧数据。在串行接收时,则由 RI 引起中断或对 RI 查询来确定何时接收下一帧数据。无论采用什么方式,在开始通信之前,都要先对控制寄存器 SCON 进行初始化。在方式 0 中,将 00H 送 SCON 就可以了。

汇编语言参考程序:

```
                ORG 2000H
START:
                MOV  SCON,#00H      ;置串行口工作方式0
                MOV A,#80H          ;最高位灯先亮
                CLR  P1.0           ;关闭并行输出
OUT0:           MOV  SBUF,A         ;开始串行输出
OUT1:           JNB  TI,OUT1        ;输出完否
                CLR  TI             ;输出完毕,清TI标志,以备下次发送
                SETB P1.0           ;打开并行口输出
                ACALL  DELAY        ;延时
                RR  A               ;循环右移
                CLR  P1.0           ;关闭并行输出
                JMP  OUT0           ;循环
```

(注:此处省略 DELAY 延时子程序)

C 语言参考程序:

```
#include<reg51.h>
sbit  P1_0 = P1^0;
void delay()
{                                   //延时程序略
}
```

```
void  main( )
{
  SCON = 0x00;                      //置串行口工作方式 0
  A = 0x80;                         //最高位灯先亮
  P1_0 = 0;                         //关闭并行输出
  while(1)
    {
    SBUF = A;                       //开始串行输出
    while(! TI);                    //输出完否
    TI = 0;
    P1_0 = 1;                       //打开并行口输出
    delay();                        //延时一段时间
    A = A>>1;                       //循环右移
      if(A = = 0)
  {
      A = 0x80;
  }
      P1_0 = 0;                     //关闭并行输出
  }
}
```

（注：此处省略 DELAY 延时子程序）

6.3.2　串行口方式 1 的应用——双机通信

1. 串行口方式 1 的应用

80C51 串行口的方式 1 在其串行通信中应用的最多，也是双机通信的主要方式。在通信中有主从式和对等式，主从式在多机通信中比较常用，双机通信一般采用对等式。下面主要介绍一下全双工的对等式的双机通信方式。

通信双方的硬件连接可以直接连接或经过电平转换连接，如图 6-16 所示。两个单片机间采用 TTL 电平直接传输信息，其传输距离一般不应超过 5 m。

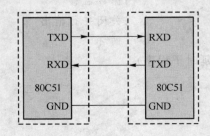

图 6-16　双机通信直连方式连接图

实际应用中通常采用 RS-232C 标准电平进行点对点的通信连接，如图 6-17 所示。两个单片机间采用 MAX232A 芯片进行电平转换,实现两个单片机间远程通信连接。

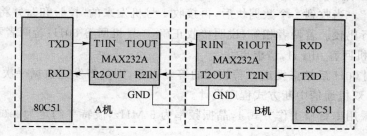

图 6-17 双机通信电平转换方式连接

2. 应用程序

【例 6-3】 双机通信查询方式程序设计。

双机通信约定采用方式 1,每帧信息为 10 位,设波特率为 2400 Baud,T1 工作在定时方式 2,晶振频率选用 11.0592 MHz,查表可得 TH1＝TL1＝0F4H,PCON 寄存器的 SMOD 位为 0,程序流程如图 6-18 所示。

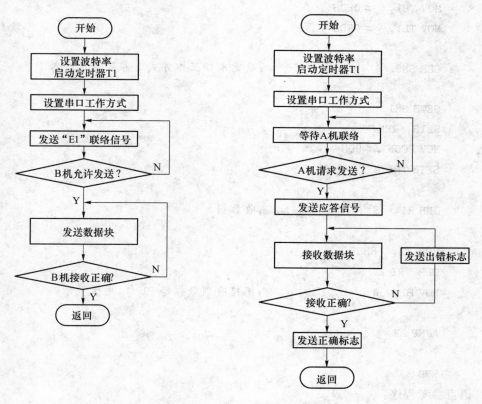

图 6-18 双机通信程序流程图

设发送方单片机为 1 号机,接收方单片机为 2 号机。当 1 号机发送时,先发送一个 "E1"联络信号,2 号机收到后回答一个"E2"应答信号,表示同意接收。当 1 号机收到应答信号"E2"后,开始发送数据,每发送一个数据字节都要计算"校验和"。假定数据块长度为 16 个字节,起始地址为 40H,一个数据块发送完毕后立即发送"校验和"。

2 号机接收数据并转存到数据缓冲区,起始地址也为 40H,每接收到一个数据字节便计算一次"校验和"。当收到一个数据块后,再接收 1 号机发来的"校验和",并将它与 2 号机求出的校验和进行比较。若两者相等,说明接收正确,2 号机回答 00H;若两者不相等,说明接收不正确,2 号机回答 0FFH,请求重发。

1 号机接到 00H 后结束发送。若收到的答复非零,则重新发送数据一次。

【例 6-4】 双机通信中断方式程序设计。

双机通信采用串行口工作方式 1,晶振频率为 6 MHz,波特率约定为 9 600 Baud。

接收程序:

```
        ORG 0000H
        SJMP MAIN
        ORG 0030H
MAIN:

        MOV TMOD, #00100000B          ;设置波特率 9600 Baud
        MOV TH1,   #0FDH
        MOV TL1,   #0FDH

        CLR SM0                        ;设置串口工作方式 1 并启动定时器 1

        SETB SM1
        SETB   REN
        MOV PCON , #80H
        SETB TR1

        JNB RI, $                     ;收数据

        MOV  A,  SBUF
        CLR  RI ;
        MOV P1,  A                    ;把接收到数据给 P1 口,用于显示

        AJMP LP

        END
```

C 语言参考程序:

```c
# include<reg51.h>
void  main( )
{
//设置波特率 9 600 Baud
TMOD = 0x20 ;
```

```
TL1 = 0xFD;
TH1 = 0x FD;
//设置串口工作方式 1 并启动定时器 1
SM0 = 0;
SM1 = 1;
REN = 1;
PCON = 0x 80;
TR1 = 1;
//收数据
while(1)
  {
    while(! RI);
    P1 = SBUF;   //把接收到数据给 P1 口,用于显示
    RI = 0;
  }


}
```

发送程序:

```
        ORG 0000H
        SJMP MAIN
        ORG 0030H
MAIN:

        MOV TMOD, #00100000B      ;设置波特率 9600 Baud

        MOV TH1,   #0FDH
        MOV TL1,   #0FDH


        CLR SM0                   ;设置串口工作方式 1 并启动定时器 1
        SETB SM1
        MOV PCON,   #80H
        SETB TR1


        MOV SBUF,   #55H          ;发数据
        JNB TI,$

        CLR TI

        END
```

C 语言参考程序：

```
#include<reg51.h>
void   main( )
{
//设置波特率 9600 Baud,只能用定时器 1
TMOD = 0x20;
TL1 = 0xFD;
TH1 = 0x FD;
//设置串口工作方式 1 并启动定时器 1
SM0 = 0;
SM1 = 1;
PCON = 0x 80;
TR1 = 1;
//发数据 0x55
while(1)
  {
      SBUF = 0x55;
      while(! TI);

      TI = 0;
  }

}
```

6.3.3   串行口方式 2 和方式 3 的应用——多机通信

80C51 串行口的方式 2 和方式 3 有一个专门的应用领域,即多机通信。这一功能通常采用主从式多机通信方式,在这种方式中,用一台主机和多台从机。主机发送的信息可以传送到各个从机或指定的从机,各从机发送的信息只能被主机接收,从机与从机之间不能进行通信。图 6-19 是多机通信的一种连接示意图。

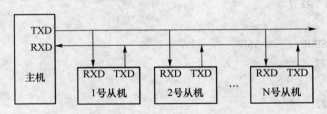

图 6-19   多机通信连接示意图

多机通信的实现,主要依靠主、从机之间正确地设置与判断 SM2 和发送或接收的第 9 位数据来(TB8 或 RB8)完成的。我们首先将上述两者的作用总结如下:

在单片机串行口以方式 2 或方式 3 接收时,一方面,若 SM2＝1,表示置多机通信功能位,这时有两种情况:①接收到第 9 位数据为 1。此时数据装入 SBUF,并置 RI＝1,向 CPU 发中断请求;②接收到第 9 位数据为 0。此时不产生中断,信息将被丢失,不能接收。

另一方面,若 SM2＝0,则接收到的第 9 位信息无论是 1 还是 0,都产生 RI＝1 的中断标志,接收的数据装入 SBUF。根据这个功能,就可以实现多机通信。

在编程前,首先要给各从机定义地址编号,如分别为 00H、01H、02H 等。在主机想发送一个数据块给某个从机时,它必须先送出一个地址字节,以辨认从机。编程实现多机通信的过程如下:

(1) 主机发送一帧地址信息,与所需的从机联络。主机应置 TB8 为 1,表示发送的是地址帧。例如:MOV SCON,＃0D8H ;设串行口为方式 3,TB8＝1,允许接收。

(2) 所有从机初始化设置 SM2＝1,处于准备接收一帧地址信息的状态。

例如:MOV SCON,＃0F0H ;设串行口为方式 3,SM2＝1,允许接收。

(3) 各从机接收到地址信息,因为 RB8＝1,则置中断标志 RI。中断后,首先判断主机送过来的地址信息与自己的地址是否相符。对于地址相符的从机,置 SM2＝0,以接收主机随后发来的所有信息。对于地址不相符的从机,保持 SM2＝1 的状态,对主机随后发来的信息不理睬,直到发送新的一帧地址信息。

(4) 主机发送控制指令和数据信息给被寻址的从机。其中主机置 TB8 为 0,表示发送的是数据或控制指令。对于没选中的从机,因为 SM2＝1,RB8＝0,所以不会产生中断,对主机发送的信息不接收。

本 章 小 结

单片机之间、单片机与计算机之间交换信息有串行通信和并行通信两种方式。并行通信的特点是传送控制简单、速度快,但随着通信距离的增加,并行通信的线路成本远远高于串行通信,串行通信已成为集散控制、多机系统和现代测控系统中常用的通信方式。

串行通信有异步通信和同步通信两种方式。异步通信是按字符传输的,每传送一个字符,就用起始位来进行收发双方的同步;同步串行通信进行数据传送时,发送和接收双方要保持完全的同步,因此要求接收和发送设备必须使用同一时钟。同步传送的优点是可以提高传送速率(达 56 K 波特率或更高),但硬件比较复杂。

80C51 单片机串行口有 4 种工作方式:同步移位寄存器输入/输出方式、8 位异步通信方式及波特率不同的两种 9 位的异步通信方式。

方式 0 和方式 2 的波特率是固定的,而方式 1 和方式 3 的波特率是可变的,由定时器 T1 的溢出率来决定。

习 题

6-1 80C51 单片机串行口有几种工作方式？如何选择？简述其特点？

6-2 串行通信的接口标准有哪几种？

6-3 简述串行口接收和发送数据过程？

6-4 RS-485 的特点及使用场合？

6-5 实现两台单片机双机通信，晶振：11.0592 MHz，波特率：9600 Baud，串口方式 1：定时器用 T1；串口方式 2：一台单片机发送 66H，一台单片机接收数据（要求：画出连线图，并分别写出收、发程序）。

第7章　MCS-51 单片机系统扩展

学 习 目 标

(1) 了解 MCS-51 单片机的三大总线。

(2) 掌握 MCS-51 单片机扩展 ROM 和 RAM 的方法。

(3) 掌握 MCS-51 单片机扩展键盘和显示接口原理。

学 习 重 点 和 难 点

(1) ROM 和 RAM 的扩展方法,即线选法和译码法。

(2) 能够确定每一片扩展存储器的地址。

(3) 键盘和显示器的扩展原理。

在 MCS-51 单片机的内部虽已集成了很多资源,但片内程序存储器、数据存储器的容量都不大,并行 I/O 端口的数量也不很多,此外,在有些应用中,片内定时器、中断、串行口等也显得不足,还有一些功能是基本型 MCS-51 单片机所没有的,比如 A/D 转换,D/A 转换等等。实际应用中的要求是各种各样的,如果用到了 MCS-51 单片机内部所没有资源(如 A/D、D/A 等),或者单片机内部虽有,但却不够使用的资源,就要根据需要,对单片机进行扩展,以增加所需要的功能。

7.1　存储器的扩展

7.1.1　总线结构

MCS-51 系列单片机采用"总线"的方法进行扩展。所谓总线,就是计算机与各个功能部件之间传送信息的公共通信线路。主机的各个部件通过总线相连接,外部设备通过接口电路也与总线相连接,从而构成了单片机的硬件系统。按其功能可以把总线分为地址总线、数据总线和控制总线。下面分别介绍。

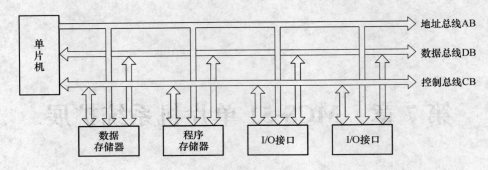

图 7-1　单片机扩展三大总线

（1）数据总线（DB）：用于外围芯片和单片机之间进行数据传递，比如将外部存储器中的数据送到单片机的内部，或者将单片机中的数据送到外部的 D/A 转换器。在 51 单片机中，数据的传递是用 8 根线同时进行的，也就是 51 单片机的数据总线的宽度是 8 位，这 8 根线就被称之为数据总线。数据总线是双向的，既可以由单片机传到外部芯片，也可以由外部芯片传入单片机。

（2）地址总线（AB）：如果单片机扩展外部的存储器芯片，在一个存储器芯片中有许多的存储单元，要依靠地址进行区分，在单片机和存储器芯片之间要用一些地址线相连。除存储器之外，其他扩展芯片也有地址问题，也需要和单片机之间用地址线连接，各个外围芯片共同使用的地址线构成了地址总线。地址总线也是公用总线中的一种，用于单片机向外部输出地址信号，它是一种单向的总线。地址总线的根数决定了单片机可以访问的存储单元数量和 I/O 端口的数量。有 n 根线，则可以产生 2^n 个地址编码，访问 2^n 个地址单元。

（3）控制总线（CB）：这是一组控制信号线，有一些是由单片机送出（去控制其他芯片）的，而有一些则是由其他芯片送出（由单片机接收以确认这些芯片的工作状态等）的。对于 51 单片机而言，这一类线的数量不多。

地址锁存器通常选取具有三态缓冲输出的 8D 锁存器 74LS373，其与单片机的连接方法如图 7-2 所示。

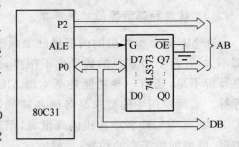

图 7-2　单片机与锁存器的连接

在实际应用中，通常采用 74LS573 来代替 74LS373，两者功能相同，但前者使用时更易于 PCB 排版。

MCS-51 单片机共可扩展 16 位的地址线，可以构成 64K 的寻址空间，地址范围 0000H～FFFFH。由于 MCS-51 单片机在访问外部的数据存储器和程序存储器时使用了不同指令的控制信号，ROM 和 RAM 可以同时使用 0000H～FFFFH 地址段而不会冲突，因此 MCS-51 单片机的片外的扩展能力是外部数据存储器和外部程序存储器各 64K。对于内部 RAM 指令使用 MOV，而对于外部 RAM 指令使用 MOVX，控制信号采用 $\overline{WR}$ 和 $\overline{RD}$。对于片内或片外的程序存储器，单片机使用相同的指令或机制进行访问，对两者是通过硬件来实现的，当 $\overline{EA}=0$ 时，它只能访问片外程序存储器，片外存储器可以使用的地址范围是 0000H～FFFFH。当 $\overline{EA}=1$

时,则先访问片内程序存储器,在从 0000H 开始的低地址区访问片内程序存储区,如果访问地址超过了片内存储器的容量,则自动转向访问片外程序存储区。控制信号采用$\overline{PSEN}$。

7.1.2　程序存储器的扩展

对于无 ROM 型的单片机如 8031,存储器的扩展是必需的,虽然现代单片机越来越强调"单片"应用,但是程序存储器的扩展原理和方法还是要掌握的。

1. ROM 芯片及引脚

常用的 ROM 芯片有 27C64/27C128/27C256/27C512,其引脚如图 7-3 所示。

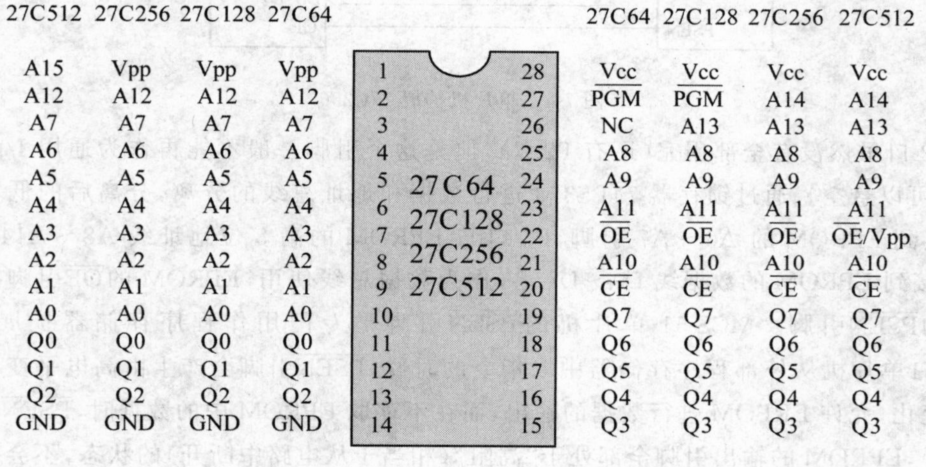

图 7-3　ROM 芯片引脚

以 27C512 为例对 EPROM 的引脚作介绍。其中:

A0~A15:地址线,共 16 根;

D0~D7:数据线,共 8 根;

$\overline{CE}$:片选信号端,低电平有效;

$\overline{OE}$:读选通(输出允许)信号输入线,低电平有效;

Vpp:编程电源输入端;

Vcc:工作电源输入端,一般为+5 V;

GND:接地端;

$\overline{PGM}$:编程脉冲输入端。

2. 扩展电路

以 8031 为主机,外部扩展 32 KB EPROM 27C256 的电路如图 7-4 所示。

从图 7-4 中可以看出,由于 80C31 内部没有 ROM,所以 80C31 的$\overline{EA}$端接地。80C31 的 P0 口通过锁存器 74LS373 进行数据和地址总线的分离,分离后的低 8 位地址线接到 EPROM 的 A0~A7 引脚,P2 口与 EPROM 的高 8 位地址线 A8~A14 相连。P0 口接到 EPROM 的数据线 D0~D7 上,作为数据总线使用,EPROM 的$\overline{OE}$引脚接到单片机的$\overline{PSEN}$引脚。MCS-51 单片机的$\overline{PSEN}$引脚是专门用作程序存储器扩展的,在 MCS-51 单片机从外部程序存储器中取指令的时候,$\overline{\text{PSEN}}$引脚会产生由高电平变为低电平的变化,允许 EPROM 进行数据的输出,而在不存取 EPROM 中的数据时,$\overline{\text{PSEN}}$引脚是高电平,EPROM 的输出引脚全部处于"高阻"(相当于从电路中断开)的状态,不会干扰其他芯片使用总线。

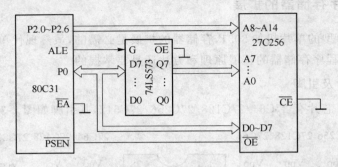

图 7-4　单片机扩展 27C256

P2 口虽然没有全部用完(还有 P2.7),但是这个引脚一般不能再作为通用 I/O 来使用了,可以悬空。通过锁存器 74LS373 进行数据和地址总线的分离,分离后的低 8 位地址线接到 EPROM 的 A0～A7 引脚,P2 口与 EPROM 的高 8 位地址线 A8～A14 相连。P0 口接到 EPROM 的数据线 D0～D7 上,作为数据总线使用,EPROM 的$\overline{\text{OE}}$引脚接到单片机的$\overline{\text{PSEN}}$引脚。MCS-51 单片机的$\overline{\text{PSEN}}$引脚是专门用作程序存储器扩展的,在 MCS-51 单片机从外部程序存储器中取指令的时候,$\overline{\text{PSEN}}$引脚会产生由高电平变为低电平的变化,允许 ERPOM 进行数据的输出,而在不存取 EPROM 中的数据时,$\overline{\text{PSEN}}$引脚是高电平,EPROM 的输出引脚全部处于"高阻"(相当于从电路中断开)的状态,不会干扰其他芯片使用总线。

7.1.3　数据存储器的扩展

单片机与数据存储器的连接方法和程序存储器连接方法大致相同,简述如下:

(1) 地址线的连接,与程序存储器连法相同。

(2) 数据线的连接,与程序存储器连法相同。

(3) 控制线的连接,主要有下列控制信号:

存储器输出信号$\overline{\text{OE}}$和单片机读信号$\overline{\text{RD}}$相连,即和 $P_{3.7}$ 相连。

存储器写信号$\overline{\text{WE}}$和单片机写信号$\overline{\text{WR}}$相连,即和 $P_{3.6}$ 相连。

ALE:其连接方法与程序存储器相同。

使用时应注意,访问内部或外部数据存储器时,应分别使用 MOV 及 MOVX 指令。

1. RAM 芯片及引脚

常用的 RAM 芯片有 62C64/62C128/62C256/62C512,其引脚如图 7-5 所示。

下面以 6264 芯片为例进行说明,该芯片的主要引脚为:

A0～A12:13 根地址线,说明芯片的容量为 8K＝2^{13}个单元。

D0～D7:8 根数据线。

$\overline{CE}$:为片选信号。当$\overline{CE}$为低电平,选中该芯片。

$\overline{OE}$:为输出允许信号。当 OE 为低电平时,芯片中的数据可由 D7~D0 输出。

$\overline{WE}$:为数据写信号。

62C256	62C128	62C64			62C64	62C128	62C256
A14	NC	NC	1	28	Vcc	Vcc	Vcc
A12	A12	A12	2	27	$\overline{WE}$	$\overline{WE}$	$\overline{WE}$
A7	A7	A7	3	26	CS	A13	A13
A6	A6	A6	4	25	A8	A8	A8
A5	A5	A5	5	24	A9	A9	A9
A4	A4	A4	6	23	A11	A11	A11
A3	A3	A3	7	22	$\overline{OE}$	$\overline{OE}$	$\overline{OE}$/RFSH
A2	A2	A2	8	21	A10	A10	A10
A1	A1	A1	9	20	$\overline{CE}$	$\overline{CE}$	$\overline{CE}$
A0	A0	A0	10	19	D7	D7	D7
D0	D0	D0	11	18	D6	D6	D6
D1	D1	D1	12	17	D5	D5	D5
D2	D2	D2	13	16	D4	D4	D4
GND	GND	GND	14	15	D3	D3	D3

图 7-5 常用 RAM 引脚

2. 扩展电路

用 62C64 扩展 8 KB 的 RAM 如图 7-6 所示。芯片用 P2.7 进行控制,当 P2.7 为低电平时,62C64 被选中,因此片外 RAM 的地址为 0000H~1FFFH。片选线 CS 接高电平。

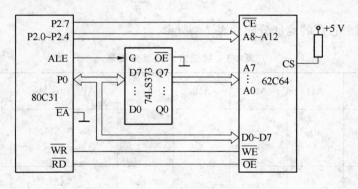

图 7-6 单片机和 RAM 连接

7.2 存储器扩展的编址技术

进行存储器扩展时,可供使用的编址方法有两种:线选法和译码法。

7.2.1 线选法

线选法就是直接以系统的地址作为存储芯片的片选信号,为此只需把高位地址线与存储芯片的片选信号直接连接即可。特点是简单明了，不需增加另外电路。缺点是存储空间不连续，适用于小规模单片机系统的存储器扩展。

【例 7-1】 现有 2K×8 位存储器芯片，需扩展 8K×8 位存储结构采用线选法进行扩展。

扩展 8 KB 的存储器结构需 2 KB 的存储器芯片 4 块。2K 的存储器所用的地址线为 A0～A10 共 11 根地址线和片选信号与 CPU 的连接如图 7-7 所示。

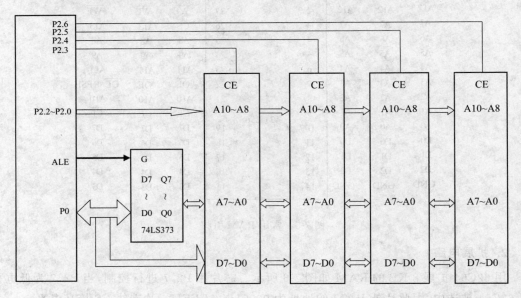

图 7-7　线选法扩展

这样得到四个芯片的地址分配如表 7-1 所示。

表 7-1　线选方式地址分配表

芯片	A15	A14	A13	A12	A11	A10	…	A0	地址范围
1	0 0	1 1	1 1	1 1	0 0	0 1	… …	0 1	7000H～77FFH
2	0 0	1 1	1 1	0 0	1 1	0 1	… …	0 1	6800H～6FFFH
3	0 0	1 1	0 0	1 1	1 1	0 1	… …	0 1	5800H～5FFFH
4	0 0	0 0	1 1	1 1	1 1	0 1	… …	0 1	3800H～3FFFH

7.2.2 译码法

译码法就是使用译码器对系统的高位地址进行译码,以其译码输出作为存储芯片的片选信号。这是一种最常用的存储器编址方法,能有效地利用空间,特点是存储空间连续,适用于大容量多芯片存储器扩展。常用的译码芯片有:74LS139(双 2-4 译码器)和 74LS138 (3-8 译码器)等,它们的 CMOS 型芯片分别是 74HC139 和 74HC138,译码器引脚如图 7-8 所示。

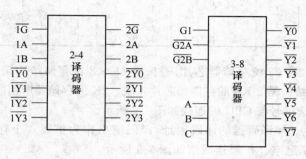

图 7-8 译码器引脚图

1. 74LS139 译码器

74LS139 是 2-4 译码器,即对 2 个输入信号进行译码,得到 4 个输出状态。其中:

$\overline{G}$:为使能端,低电平有效。

A、B:为选择端,即译码信号输入。

$\overline{Y0} \sim \overline{Y3}$:为译码输出信号,低电平有效。

74LS139 的真值表如表 7-2 所示。

表 7-2 74LS139 真值表

输 入 端			输 出 端			
使能	选择		$\overline{Y0}$	$\overline{Y1}$	$\overline{Y2}$	$\overline{Y3}$
$\overline{G}$	B	A				
1	×	×	1	1	1	1
0	0	0	0	1	1	1
0	0	1	1	0	1	1
0	1	0	1	1	0	1
0	1	1	1	1	1	0

2. 74LS138 译码器

74LS138 是 3-8 译码器,即对 3 个输入信号进行译码,得到 8 个输出状态。其中:G1、$\overline{G2A}$、$\overline{G2B}$为使能端,用于引入控制信号。$\overline{G2A}$、$\overline{G2B}$低电平有效,G1 高电平有效。

74LS138 的真值表如表 7-3 所示。

表 7-3　74LS138 译码器真值表

输 入 端						输 出 端							
使 能			选 择			$\overline{Y0}$	$\overline{Y1}$	$\overline{Y2}$	$\overline{Y3}$	$\overline{Y4}$	$\overline{Y5}$	$\overline{Y6}$	$\overline{Y7}$
G1	$\overline{G2A}$	$\overline{G2B}$	C	B	A								
1	0	0	0	0	0	0	1	1	1	1	1	1	0
1	0	0	0	0	1	1	0	1	1	1	1	1	1
1	0	0	0	1	0	1	1	0	1	1	1	1	1
1	0	0	0	1	1	1	1	1	0	1	1	1	1
1	0	0	1	0	0	1	1	1	1	0	1	1	1
1	0	0	1	0	1	1	1	1	1	1	0	1	1
1	0	0	1	1	0	1	1	1	1	1	1	0	1
1	0	0	1	1	1	1	1	1	1	1	1	1	0

【例 7-2】　现有 2K×8 位存储器芯片,需扩展 8K×8 位存储结构采用译码法进行扩展。扩展 8 KB 的存储器结构需 2 KB 的存储器芯片 4 块。2K 的存储器所用的地址线为 A0～A10 共 11 根地址线和片选信号与 CPU 的连接如图 7-9 所示。

P2.3、P2.4 作为 2-4 译码器的译码地址,译码输出作为扩展 4 个存储器芯片的片选信号,P2.5、P2.6、P2.7 悬空。扩展连线图如图 7-9 所示。

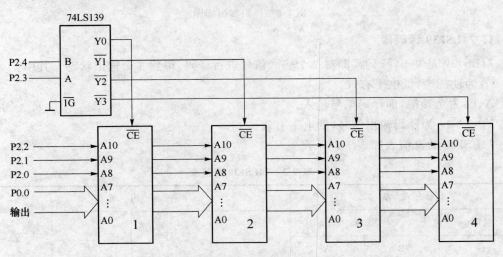

图 7-9　采用译码器扩展 8 KB 存储器连线图

这样,得到四个芯片的地址分配如表 7-4 所示。

表 7-4　译码方式地址分配表

	P2.7	P2.6	P2.5	P2.4	P2.3	P2.2 ⋯ P0	地址范围
芯片 1	0	0	0	0	0	0 ⋯ 0	0000H～07FFH
	0	0	0	0	0	1 ⋯ 1	
芯片 2	0	0	0	0	1	0 ⋯ 0	0800H～0FFFH
	0	0	0	0	1	1 ⋯ 1	
芯片 3	0	0	1	0	0	0 ⋯ 0	1000H～17FFH
	0	0	1	0	0	1 ⋯ 1	
芯片 4	0	0	0	1	1	0 ⋯ 0	1800H～1FFFH
	0	0	0	1	1	1 ⋯ 1	

7.3　键盘/显示器接口扩展

键盘和显示器是单片机系统中最重要的组成部分,键盘为输入设备,通过键盘可以设置系统的参数或输入命令;显示器则为输出设备,单片机通过显示器显示采集的数据或处理结果。本节介绍单片机系统扩展键盘和 LED 显示技术。

7.3.1　矩阵键盘的工作原理

按照识别按键的方法不同,键盘可分为编码键盘和非编码键盘。按键的识别由专用的硬件实现,并能产生键值的称为编码键盘,自编软件识别的键盘称为非编码键盘。由于采用非编码键盘可以降低成本,在单片机系统中,当按键数量不多时,大家更喜欢采用非编码键盘。

非编码键盘按照结构的不同可分为:独立式键盘和行列式键盘。独立式键盘的处理程序简单,适合于键数较少的场合;行列式键盘处理程序稍复杂点,适合于键数较多的场合。

(1) 独立式键盘及其工作原理。独立式键盘是各按键互相独立,分别接一条输入数据线,各按键的状态互不影响,结构如图 7-10 所示。

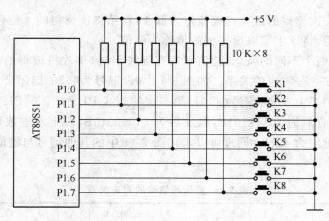

图 7-10　独立按键连接

当没有键被按下时,由于外接有上拉电阻,读得 P1 口的值为 0FFH,当有键被按下时,如 K4 被按下,则读得 P1 口的值为 0F7H。只要读得数据口的值即可知道是否有键被按下,也可以知道按下了哪个键。

(2) 行列式键盘的结构与工作原理。键数较多时,独立式键盘结构需要占用很多 I/O 口线,会浪费许多资源,这时,常采用行列式键盘结构,即将键盘排列成行、列矩阵式,如图 7-11 所示。

图 7-11 中,每一水平线(行线)与垂直线(列线)的交叉处连接一个按钮开关,即开关的两端分别接在行线和列线上,N 个行线和 M 个列线可组成 $M \times N$ 个按键的键盘。工作原理为所有行线输出为高电平,所有列线输出为低电平,读行线,若有键闭合,读回的行线值不全为高。

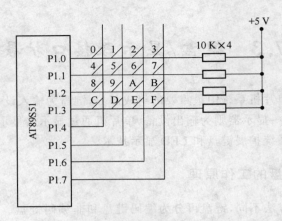

图 7-11　矩阵键盘结构

对按键的识别方法如下：

第一步：确定是否有键被按下。具体方法为所有的行线输出高电平，所有的列线输出低电平，读行线，若行线中有低电平，延时 20 ms 再读一次行线（去抖动），若仍为低电平说明有键闭合，把读到的四位行线状态保存起来；

第二步：当确认有键闭合时，使所有的行线输出低电平，所有的列线输出高电平，然后，读列线状态；

第三步：将第一次读得的四位行线值作为低 4 位，第二次读得的 4 位列线值作为高 4 位组成一个字节，然后，将该字节取反得到的值称为键值。

键值和键号是两个不同的概念，键值即当有键按下时，单片机读得的值，键号是印在键帽上的值，两者存在一一对应的关系。如图 6-4 中，设键号为"6"的键闭合，则第一次读的行线 P1.3、P1.2、P1.1、P1.0 的状态为 1101；第二次的列线 P1.7、P1.6、P1.5、P1.4 的状态为 1011，列、行状态组合后为 10111101B，取反后为 01000010B，以十六进数计为 42H，即键号为"6"的键对应的键值为 42H。同理可以求出图 7-11 中的其他键号与键值的对应关系如表 7-5 所示。

表 7-5　键值与键号的对应关系

键号	0	1	2	3	4	5	6	7	8	9	A	B	C	D	E	F
键值	11	21	41	81	12	22	42	82	14	24	44	84	18	28	48	88

表 7-5 中的键值由两位十六进制数组成，高位和低位分别为闭合键所在列号和行号，1、2、4、8 分别表示第 1、2、3、4 行或列，如果需要可以通过软件将键值转成键号。

【例 7-3】　设某单片机系统的键盘电路如图 7-11 所示，编写程序当有键闭合时，将闭合键的键号存于键盘缓冲 KEYBUFF 单元，并将按键标志 KPRESSED 置 1。

解：设键盘缓冲 KEYBUFF 为 30H 单元，按键标志 KPRESSED 的位地址为 00H，系统的晶体振荡器频率为 6 MHz，子程序段如下：

```
KEYBUFF   EQU 30H
KPRESSED EQU 00H
KEYHAND:
```

```
        MOV     P1, #0FH            ;行线为高电平,列线为低电平
        MOV     A, P1
        ANL     A, #0FH
        XOR     A, #0FH
        JZ      NOKEY              ;NO key pressed,退出
        ACALL   DLY20MS            ;延时 20 ms，执行去抖动操作
        MOV     A, P1
        ANL     A, #0FH
        MOV     KEYBUFF, A
        XOR     A, #0FH
        JZ      NOKEY              ;没键闭合,退出
        MOV     P1, #0F0H          ;列线为高电平,行线为低电平
        MOV     A, P1
        ANL     A, #0F0H
        ORL     A, KEYBUFF
        CPL     A ;得到键值
        MOV     B , A              ;暂保存键值到寄存器 B
        MOV     KEYBUFF, #0        ;键号单元清 0
ROW :   CLR     C
        RRC     A
        JC      LINE
        XCH     A , KEYBUFF
        ADD     A , #4             ;相邻两行同列键号相差为 4
        XCH     A , KEYBUFF
        SJMP    ROW
LINE:   MOV     A , B
        SWAP    A
LINE1:  CLR     C
        RRC     A
        JC      KEY
        INC     KEYBUFF            ;同一行相邻两列的键号差 1
        SJMP    LINE1
KEY：   SETB    KPRESSED
WAIT：  MOV     A, P1              ;等待按键释放
        ANL     A, #0F0H
        XOR     A, #0F0H
        JNZ     WAIT
        SJMP    EXIT
NOKEY:  CLR     KPRESSED
```

```
EXIT:    RET
; DLY20 ms:20 ms 延时程序
DLY20MS: MOV      R7,#40
DEL1:    MOV      R6,#125
DEL2:    DJNZ     R6,DEL2        ;4×125=500 μs
         DJNZ     R7,DEL1
         RET
```

7.3.2 LCD1602 概述

LCD1602 是 2×16 字符型液晶显示模块,可以显示两行,每行 16 个字符,采用 5×7 点阵显示,工作电压 4.5~5.5 V,工作电流 2.0 mA(5.0 V),其控制器采用 HD44780 液晶芯片(市面上字符液晶显示器的控制器绝大多数都是基于 HD44780 液晶芯片,它们的控制原理是完全相同的)。LCD1602 可采用标准的 14 引脚接口或 16 引脚接口,多出来的 2 条引脚是背光源正极 BLA(15 脚)和背光源负极 BLK(16 脚),其外观形状如图 7-12 所示。

(a) 正面　　　　　　　　(b) 背面

图 7-12　1602 的外观

标准的 16 引脚接口如下:

第 1 脚:Vss,电源地。

第 2 脚:Vdd,+5 V 电源。

第 3 脚:Vee,液晶显示对比度调整输入端。接正电源时对比度最弱,接地时对比度最高。使用时通常通过一个 10K 的电位器来调整对比度。

第 4 脚:RS,数据/命令选择端,高电平时选择数据寄存器,低电平时选择指令寄存器。

第 5 脚:R/$\overline{W}$,读/写选择端,高电平时进行读操作,低电平时进行写操作。当 RS 和 R/$\overline{W}$ 共同为低电平时,可以写入指令或者显示地址;当 RS 为低电平、R/$\overline{W}$ 为高电平时,可以读忙信号;当 RS 为高电平、R/$\overline{W}$ 为低电平时,可以写入数据。

第 6 脚:E,使能端,当 E 为高电平时读取液晶模块的信息,当 E 端由高电平跳变成低电平时,液晶模块执行写操作。

第 7~14 脚:D0~D7,为 8 位双向数据线。

第 15 脚:BLA,背光源正极。

第 16 脚:BLK,背光源负极。

1. LCD1602 的内部结构

液晶显示模块 LCD1602 的内部结构可以分成三部分:一是 LCD 控制器,二是 LCD 驱动器,三是 LCD 显示部件,如图 7-13 所示。

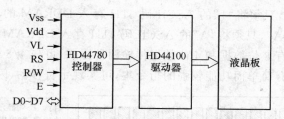

图 7-13　LCD1602 的内部结构

控制器采用 HD44780,驱动器采用 HD44100。HD44780 是集控制器、驱动器于一体,专用于字符显示控制驱动的集成电路。HD44100 是作扩展显示字符位的。HD44780 是字符型液晶显示控制器的代表电路。

HD44780 集成电路的特点如下。

(1) 可选择 5×7 或 5×10 点阵字符。

(2) HD44780 不仅可作为控制器,而且还具有驱动 16×40 点阵液晶像素的能力,并且 HD44780 的驱动能力可通过外接驱动器扩展 360 列驱动。

HD44780 可控制的字符高达每行 80 个字,也就是 5×80＝400 点,HD44780 内藏有 16 路行驱动器和 40 路列驱动器,所以 HD44780 本身就具有驱动 16×40 点阵 LCD 的能力(即单行 16 个字符或两行 8 个字符)。如果在外部加一 HD44100 再扩展 40 路/列驱动,则可驱动 16×2LCD。

(3) HD44780 的显示缓冲区 DDRAM、字符发生存储器 ROM 及用户自定义的字符发生器 CGRAM 全部内藏在芯片内,如图 7-14 所示。

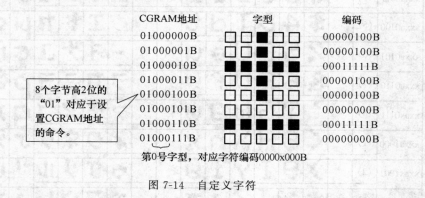

图 7-14　自定义字符

HD44780 有 80 个字节的显示缓冲区,分两行,地址分别为 00H～27H,40H～67H,它们实际显示位置的排列顺序跟 LCD 的型号有关,LCD1602 的显示地址与实际显示位置的关系,如图 7-15 所示。

HD44780 内藏的字符发生存储器(ROM)已经存储了 160 个不同的点阵字符图形,如图 7-16 所示。

这些字符有阿拉伯数字、英文字母的大小写、常用的符号和日文假名等,每一个字符都有一个固定的代码。如数字"1"的代码是 00110001B(31H),又如大写的英文字母"A"的代码是 01000001B(41H),可以看出英文字母的代码与 ASCII 编码相同。要在 LCD 的某个位置显示符号,只需将显示的符号的 ASCII 码存入 DDRAM 的对应位置。如在 LCD1602 的第一行第二列显示"1",只须将"1"的 ASCII 码 31H 存入 DDRAM 的 01 单元;在 LCD1602 的第二行第三列显示"A",只须将"A"的 ASCII 码 41H 存入 DDRAM 的 42H 单元即可。

（4）HD44780 具有 8 位数据和 4 位数据传输两种方式,可与 4/8 位 CPU 相连。

（5）HD44780 具有简单而功能较强的指令集,可实现字符移动、闪烁等显示功能。

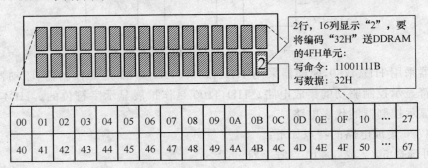

图 7-15　LCD1602 的显示地址与实际显示位置的关系图

图 7-16　点阵字符图形

2. HD44780 的指令格式与指令功能

HD44780 控制器内有多个寄存器,通过 RS 和 R/$\overline{\text{W}}$ 引脚共同决定选择哪一个寄存器,选择情况如表 7-6 所示。

表 7-6　HD44870 内部寄存器选择表

RS	R/$\overline{\text{W}}$	寄存器及操作
0	0	指令寄存器写入
0	1	忙标志和地址计数器读出
1	0	数据寄存器写入
1	1	数据寄存器读出

总共有 11 条指令,它们的格式和功能如下。

(1) 清屏命令

格式:

RS	R/$\overline{\text{W}}$	D7	D6	D5	D4	D3	D2	D1	D0
0	0	0	0	0	0	0	0	0	1

功能:

① 清除屏幕,将显示缓冲区 DDRAM 的内容全部写入空格(ASCII20H)。

② 光标复位,回到显示器的左上角。

③ 地址计数器 AC 清零。

(2) 光标复位命令

格式:

RS	R/$\overline{\text{W}}$	D7	D6	D5	D4	D3	D2	D1	D0
0	0	0	0	0	0	0	0	1	0

功能:

① 光标复位,回到显示器的左上角。

② 地址计数器 AC 清零。

③ 显示缓冲区 DDRAM 的内容不变。

(3) 输入方式设置命令

格式:

RS	R/$\overline{\text{W}}$	D7	D6	D5	D4	D3	D2	D1	D0
0	0	0	0	0	0	0	1	I/D	S

功能:

① 设定当写入一个字节后,光标的移动方向以及后面的内容是否移动。

② 当 I/D=1 时,光标从左向右移动;I/D=0 时,光标从右向左移动。

③ 当 S=1 时,内容移动;S=0 时,内容不移动。

（4）显示开关控制命令

格式：

RS	R/$\overline{\text{W}}$	D7	D6	D5	D4	D3	D2	D1	D0
0	0	0	0	0	0	1	D	C	B

功能：

① 控制显示的开关，当 D=1 时显示；D=0 时不显示。

② 控制光标开关，当 C=1 时光标显示；C=0 时光标不显示。

③ 控制字符是否闪烁，当 B=1 时字符闪烁；B=0 时字符不闪烁。

（5）光标移位命令

格式：

RS	R/$\overline{\text{W}}$	D7	D6	D5	D4	D3	D2	D1	D0
0	0	0	0	0	1	S/C	R/L	*	*

功能：

① 移动光标或整个显示字幕移位。

② 当 S/C=1 时整个显示字幕移位；当 S/C=0 时只光标移位。

③ 当 R/L=1 时光标右移；R/L=0 时光标左移。

（6）功能设置命令

格式：

RS	R/$\overline{\text{W}}$	D7	D6	D5	D4	D3	D2	D1	D0
0	0	0	0	1	DL	N	F	*	*

功能：

① 设置数据位数，当 DL=1 时数据位为 8 位；DL=0 时数据位为 4 位。

② 设置显示行数，当 N=1 时双行显示；N=0 时单行显示。

③ 设置字形大小，当 F=1 时为 5×10 点阵；F=0 时为 5×7 点阵。

（7）设置字库 CGRAM 地址命令

格式：

RS	R/$\overline{\text{W}}$	D7	D6	D5	D4	D3	D2	D1	D0
0	0	0	1			CGRAM 的地址			

功能：设置用户自定义 CGRAM 的地址，对用户自定义 CGRAM 访问时，要先设定 CGRAM 的地址，地址范畴为 0～63。

（8）显示缓冲区 DDRAM 地址设置命令

格式：

RS	R/$\overline{\text{W}}$	D7	D6	D5	D4	D3	D2	D1	D0
0	0	1				DDRAM 的地址			

功能:设置当前显示缓冲区 DDRAM 的地址,对 DDRAM 访问时,要先设定 DDRAM 的地址,地址范畴为 0～127。

(9) 读忙标志及地址计数器 AC 命令

格式:

RS	R/$\overline{W}$	D7	D6	D5	D4	D3	D2	D1	D0
0	1	BF				AC 的值			

功能:

① 读忙标志及地址计数器 AC 命令。

② 当 BF＝1 时表示忙,这时不能接收命令和数据;当 BF＝0 时表示不忙。

③ 低 7 位为读出的 AC 的地址,值为 0～127。

(10) 写 DDRAM 或 CGRAM 命令

格式:

RS	R/$\overline{W}$	D7	D6	D5	D4	D3	D2	D1	D0
1	0				写入的数据				

功能:向 DDRAM 或 CGRAM 当前位置中写入数据,写入后地址指针自动移动到下一个位置。对 DDRAM 或 CGRAM 写入数据之前须设定 DDRAM 或 CGRAM 的地址。

(11) 读 DDRAM 或 CGRAM 命令

格式:

RS	R/$\overline{W}$	D7	D6	D5	D4	D3	D2	D1	D0
1	1				读出的数据				

功能:从 DDRAM 或 CGRAM 当前位置中读出数据。当 DDRAM 或 CGRAM 读出数据时,须先设定 DDRAM 或 CGRAM 的地址。

3. LCD1602 的编程与接口

LCD 显示器在使用之前须根据具体配置情况初始化,初始化可在复位后完成,LCD1602 初始化过程一般如下:

(1) 清屏。清除屏幕,将显示缓冲区 DDRAM 的内容全部写入空格(ASCII20H)。光标复位,回到显示器的左上角。地址计数器 AC 清零。

(2) 功能设置。设置数据位数,根据 LCD1602 与处理器的连接选择(LCD1602 与 51 单片机连接时一般选择 8 位),设置显示行数(LCD1602 为双行显示)。设置字形大小(LCD1602 为 5×7 点阵)。

(3) 开/关显示设置。控制光标显示、字符是否闪烁等。

(4) 输入方式设置。设定光标的移动方向以及后面的内容是否移动。

初始化后就可用 LCD 进行显示,显示时应根据显示的位置先定位,即设置当前显示缓冲区 DDRAM 的地址,再向当前显示缓冲区写入要显示的内容,如果连续显示,则可连续写入显示的内容。由于 LCD 是外部设备,处理速度比 CPU 的速度慢,向 LCD 写入命令到完成功能需要一定的时间,在这个过程中,LCD 处于忙状态,不能向 LCD 写入新的内容。LCD 是否处于忙状态可通过读忙标志命令来了解。另外,由于 LCD 执行命令的时间基本固定,而且比较短,因此也可以通过延时等待命令完成后再写入下一个命令。

图 7-17 是 LCD1602 与 8051 单片机的接口图,图中 LCD1602 的数据线与 8051 的 P2 口相连,RS 与 8051 的 P1.7 相连,R/$\overline{\text{W}}$ 与 8051 的 P1.6 相连,E 端与 8051 的 P1.5 相连。

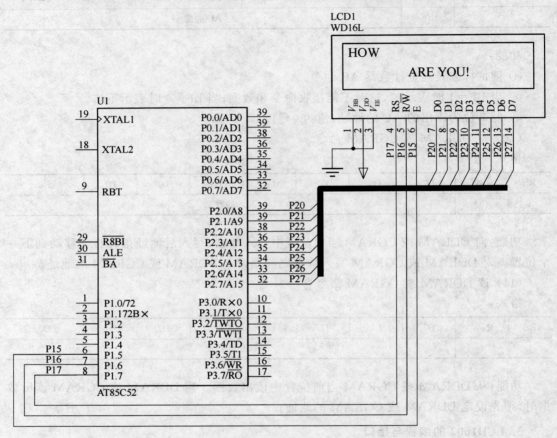

图 7-17 单片机与 LCD1602 接口电路

C 语言编程:

```c
#include  <reg51.h>
#define  uchar  unsigned  char
sbit  RS = P1^7;
sbit  RW = P1^6;
sbit  E = P1^5;
void  init(void);
void  wc51r(uchar  i);
void  wc51ddr(uchar  i);
void  fbusy(void);
//主函数
```

```
void  main()
{
SP = 0x50;
init();
wc51r(0x80);              //写入显示缓冲区起始地址为第 1 行第 1 列
wc51ddr('H');             //第 1 行第 1 列显示字母'H'
wc51ddr('O');             //第 1 行第 2 列显示字母'O'
wc51ddr ('W');            //第 1 行第 3 列显示字母'W'
wc51r(0xc4);              //写入显示缓冲区起始地址为第 2 行第 5 列
wc51ddr('A');             //第 2 行第 5 列显示字母'A'
wc51ddr('R');             //第 2 行第 6 列显示字母'R'
wc51ddr('E');             //第 2 行第 7 列显示字母'E'
wc51ddr('");              //第 2 行第 8 列显示字母"
wc51ddr('Y');             //第 2 行第 9 列显示字母'Y'
wc51ddr('O');             //第 2 行第 10 列显示字母'O'
wc51ddr('U');             //第 2 行第 11 列显示字母'U'
wc51ddr('!');             //第 2 行第 11 列显示字母'!'
while(1);
}
;初始化函数
void  init()
{
wc51r(0x01);              //清屏
wc51r(0x38);              //使用 8 位数据,显示两行,使用 5×7 的字型
wc51r(0x0c);              //显示器开,光标关,字符不闪烁
wc51r(0x06);              //字符不动,光标自动右移一格
}
;检查忙函数
void  fbusy()
{
P2 = 0Xff;RS = 0;RW = 1;
E = 0; E = 1;
while (P2&0x80){E = 0;E = 1;}        //忙,等待
}
;写命令函数
void  wc51r(uchar  j)
{
fbusy();
E = 0;RS = 0;RW = 0;
```

```
E = 1;
P2 = j;
E = 0;
}
//写数据函数
void wc51ddr(uchar j)
{
fbusy();
E = 0;RS = 1;RW = 0;
E = 1;
P2 = j;
E = 0;
}
```

本 章 小 结

单片机内部虽然集成了计算机的基本功能部件,但对于一些应用系统仍然需要扩展一些外围芯片以增加单片机的硬件资源。利用单片机的三大总线进行系统扩展,即数据总线、地址总线、控制总线。MCS-51 单片机地址总线 16 位,外扩 ROM 和 RAM 的最大容量都是 64 KB,地址范围 0000H ~ FFFFH,虽然两者地址重叠,但由于使用的控制信号不同,所以不会发生混乱。

扩展芯片的主要方法有线选法和译码法,当扩展芯片较少时采用线选法,当扩展芯片较多时则建议使用译码法。根据地址总线的扩展确定扩展芯片的地址范围。

键盘和显示器是单片机系统中最重要的组成部分,按键使用需要进行软件去抖。常见显示器有数码管和液晶显示器,其中数码管分为共阴极和共阳极两种,根据硬件连接设置段码。熟悉掌握液晶的控制命令并能够用于生产实际。

习 题

7-1 起止范围为 0000H~3FFFH 的存储器的容量是( )KB。

7-2 11 根地址线可选( )个存储单元,16 KB 存储单元需要( )根地址线。

7-3 以 80C51 为主机,同时扩展一片 8K 的 RAM 和一片 8K 的 ROM,试画出接口电路及确定各自地址范围。

7-4 以 80C51 为主机,利用译码法同时扩展 8 片 6264,画出接口电路及确定各自地址范围。

7-5 扩展时 ROM 和 RAM 的逻辑地址如果重叠,是否会发生混乱,为什么?

第 8 章　C51 语言编程基础

学习目标

(1) 了解 C51 编程的一般设计流程。

(2) 掌握 C51 程序设计的基本方法。

学习重点和难点

(1) C51 的数据类型、存储器类型和存储模式。

(2) C51 的函数定义及使用方法。

(3) C51 指针的使用。

8.1　单片机的 C51 基础知识

8.1.1　C51 简介

C 语言是一种编译型程序设计语言,它兼顾了多种高级语言的特点,并具备汇编语言的功能。用 C 语言开发系统可以大大缩短开发周期,明显增强程序的可读性,便于改进、扩充和移植。而针对 8051 的 C 语言日趋成熟,成为了专业化的实用高级语言。

1. C51 的特点

C51 作为一种非常方便的语言而得到广泛的支持,很多硬件开发都用 C 语言编程,如:各种单片机、DSP、ARM 等。

C51 程序本身不依赖于机器硬件系统,基本上不作修改或仅做简单修改就可将程序从不同的单片机中移植过来直接使用。

C51 提供了很多数学函数并支持浮点运算,开发效率高,故可缩短开发时间,增加程序可读性和可维护性。

2. 单片机的 C51 与汇编 ASM-51 相比,有如下优点:

(1) 对单片机的指令系统不要求了解,仅要求对 8051 的存储器结构有初步了解;

(2) 寄存器分配、不同存储器的寻址及数据类型等细节可由编译器管理;

(3) 程序有规范的结构,可分成不同的函数,这种方式可使程序结构化;

(4) 提供的库包含许多标准子程序,具有较强的数据处理能力;

(5) 由于具有方便的模块化编程技术,使已编好程序容易移植。

8.1.2 C51 的基本数据类型

当给单片机编程时,单片机也要运算,而在单片机的运算中,"变量"数据的大小是有限制的,不能随意给一个变量赋任意的值,因为变量在单片机的内存中的精度不同,所以空间就不同。所以在设定一个变量之前,必须要给编译器声明这个变量的类型,以便让编译器提前从单片机内存中分配给这个变量合适的空间。单片机的 C 语言中常用的数据类型如表 8-1 所示。

表 8-1　C51 数据类型

数据类型	长　度	值　域
unsigned char	单字节	0～255
signed char	单字节	−128～+127
unsigned int	双字节	0～65 535
signed int	双字节	−32 768～+32 767
unsigned long	四字节	0～4 294 967 295
signed long	四字节	−2 147 483 648～+2 147 483 647
float	四字节	$\pm 1.175\ 494E-38～\pm 3.402\ 823E+38$
bit	位	0 或 1
sfr	单字节	0～255
sfr16	双字节	0～65 535
sbit	位	0 或 1

1. char 字符类型

char 字符类型的长度是一个字节,通常用于定义处理字符数据的变量或常量。分无符号字符类型 unsigned char 和有符号字符类型 signed char,默认值为 signed char 类型。unsigned char 类型用字节中所有的位来表示数值,所能表达的数值范围是 0～255;signed char 类型用字节中最高位字节表示数据的符号,"0"表示正数,"1"表示负数,负数用补码表示。所能表示的数值范围是−128～+127。unsigned char 常用于处理 ASCII 字符或用于处理小于或等于 255 的整型数。

注:正数的补码与原码相同,负二进制数的补码等于它的绝对值按位取反后加 1。

2. int 整型

int 整型长度为两个字节,用于存放一个双字节数据。分有符号 int 整型数 signed int

和无符号整型数 unsigned int，默认值为 signed int 类型。signed int 表示的数值范围是
$-32\,768 \sim +32\,767$，字节中最高位表示数据的符号，"0"表示正数，"1"表示负数；
unsigned int 表示的数值范围是 $0 \sim 65\,535$。

这里必须要讲的是，当定义一个变量为特定的数据类型时，在程序使用该变量不应使它
的值超过数据类型的值域。

3. long 长整型

long 长整型长度为四个字节，用于存放一个四字节数据。分有符号 long 长整型 signed
long 和无符号长整型 unsigned long，默认值为 signed long 类型。signed long 表示的数值
范围是 $-2\,147\,483\,648 \sim +2\,147\,483\,647$，字节中最高位表示数据的符号，"0"表示正数，"1"
表示负数；unsigned long 表示的数值范围是 $0 \sim 4\,294\,967\,295$。

4. float 浮点型

float 浮点型在十进制中具有 7 位有效数字，是符合 IEEE-754 标准的单精度浮点型数
据，占用四个字节。因浮点数的结构较复杂在以后的章节中再做详细的讨论。

5. bit 位变量

bit 位变量是 C51 编译器的一种扩充数据类型，利用它可定义一个位变量，但不能定义
位指针，也不能定义位数组。它的值是一个二进制位，不是 0 就是 1，类似一些高级语言中
的 Boolean 类型中的 True 和 False。

6. sfr 特殊功能寄存器

sfr 特殊功能寄存器也是一种扩充数据类型，只用一个内存单元，值域为 $0 \sim 255$。利用
它能访问 51 单片机内部的所有特殊功能寄存器。如用 sfr P1＝0x90 这一句定 P1 为 P1 端
口在片内的寄存器，在后面的语句中用以用 P1＝255（对 P1 端口的所有引脚置高电平）之类
的语句来操作特殊功能寄存器。

7. sfr16 16 位特殊功能寄存器

sfr16 占用两个内存单元，值域为 $0 \sim 65\,535$。sfr16 和 sfr 一样用于操作特殊功能寄存
器，所不一样的是它用于操作占两个字节的寄存器，如定时器 T0 和 T1。

8. sbit 可寻址位

sbit 同样是单片机 C 语言中的一种扩充数据类型，利用它能访问芯片内部的 RAM 中
的可寻址位或特殊功能寄存器中的可寻址位。如先前定义了：

sfr P1 = 0x90;　　　//因 P1 端口的寄存器是可位寻址的，所以能定义

sbit P1_1 = P1^1;　//P1_1 为 P1 中的 P1.1 引脚

同样我们能用 P1.1 的地址去写，如 sbit P1_1＝0x91;这样在以后的程序语句中就能用
P1_1 来对 P1.1 引脚进行读写操作了。通常这些能直接使用系统供给的预处理文件，里面
已定义好各特殊功能寄存器的简单名字。

8.1.3　存储器类型

C51 编译器完全支持 8051 微处理器及其系列的结构，可完全访问 MCS-51 硬件系统所有

部分。每个变量可准确地赋予不同的存储器类型(data,idata,pdata,xdata,code),如表 8-2 所示。访问内部数据存储器(idata)要比访问外部数据存储器(xdata)相对要快一些,因此,可将经常使用的变量置于内部数据存储器中,而将较大及很少使用的数据单元置于外部数据存储器中。

表 8-2 存储器类型

存储器类型	描 述
data	直接寻址内部数据存储器,访问变量速度最快(128bytes)
bdata	可位寻址内部数据存储器,允许位与字节混合访问(16 bytes)
idata	间接寻址内部数据存储器,可访问全部地址空间(256bytes)
pdata	分页(256bytes)外部数据存储器,由操作码 MOVX @Ri 访问
xdata	外部数据存储器(64K),由 MOVX @DPTR 访问
code	代码数据存储器(64K),由 MOVC @A+DPTR 访问

变量说明举例:

```
data char charvar;
char code msg[] = "ENTER PARAMETER:";
unsigned long xdata array[100];
float idata x,y,z;
unsigned char xdata vector[10][4][4];
sfr p0 = 0x80;
sbit RI = "0x98";
char bdata flags;
sbit flago = "flags"^0;
```

如果在变量说明时略去存储器类型标志符,编译器会自动选择默认的存储器类型。默认的存储器类型进一步由控制指令 SMALL、COMPACT 和 LARGE 限制。例如:如果声明 char charvar,则默认的存储器模式为 SMALL,charvar 放在 data 存储器;如果使用 COMPACT 模式,则 charvar 放入 idata 存储区;在使用 LARGE 模式的情况下,charvar 被放入外部存储区或 xdata 存储区。

8.1.4 存储器模式

存储器模式决定了自动变量和默认存储器类型,参数传递区和无明确存储区类型的说明。在固定的存储器地址变量参数传递是 C51 的一个标准特征,在 SMALL 模式下参数传递是在内部数据存储区中完成的。LARGRE 和 COMPACT 模式允许参数在外部存储器中传递。C51 同时也支持混合模式,例如在 LARGE 模式下生成的程序可将一些函数分页放入 SMALL 模式中从而加快执行速度,如表 8-3 所示。

表 8-3　存储器模式

存储器模式	描　述
SMALL	参数及局部变量放入可直接寻址的内部寄存器(最大 128bytes,默认存储器类型是 data)
COMAPCT	参数及局部变量放入分页外内部存储区(最大 256bytes,默认存储器类型是 pdata)
LARGE	参数及局部变量直接放入外部数据存储器(最大 64K,默认存储器类型是 xdata)

8.1.5　C51 常量

常量的数据类型说明:

(1) 整型常量能表示为十进制如 123、0、−89 等。十六进制则以 0x 开头如 0x34、−0x3B等。长整型就在数字后面加字母 L,如 104L、034L 等。

(2) 浮点型常量可分为十进制和指数表示形式。十进制由数字和小数点组成,如 0.888,3345.345,0.0等,整数或小数部分为 0,能省略但必须有小数点。指数表示形式为 [±]数字[. 数字]e[±]数字,[]中的内容为可选项,其中内容根据具体情况可有可无,但其余部分必须有,如 125e3,7e9,−3.0e−3。

(3) 字符型常量是单引号内的字符,如 'a'、'd' 等,不能显示的控制字符,能在该字符前面加一个反斜杠"\"组成专用转义字符。常用转义字符表如表 8-4 所示。

(4) 字符串型常量由双引号内的字符组成,如"test","OK"等。当引号内的没有字符时,为空字符串。在使用特殊字符时同样要使用转义字符如双引号。在 C 中字符串常量是做为字符类型数组来处理的,在存储字符串时系统会在字符串尾部加上\o 转义字符以作为该字符串的结束符。字符串常量"A"和字符常量'A'是不一样的,前者在存储时多占用一个字节的字间。

(5) 位常量,它的值是一个二进制数。

表 8-4　常用转义字符表

转义字符	含义	ASCII 码(十六/十进制)
\o	空字符(NULL)	00H/0
\n	换行符(LF)	0AH/10
\r	回车符(CR)	0DH/13
\t	水平制表符(HT)	09H/9
\b	退格符(BS)	08H/8
\f	换页符(FF)	0CH/12
\	单引号	27H/39
\"	双引号	22H/34
\\	反斜杠	5CH/92

常量可用在不必改变值的场合,如固定的数据表,字库等。常量的定义方式有几种,下面来加以说明。

```
#difine False 0x0;              //用预定义语句能定义常量
#difine True 0x1;              //这里定义 False 为 0,True 为 1
```
在程序中用到 False 编译时自动用 0 替换,同理 True 替换为 1。
```
unsigned intcode a = 100;      //这一句用 code 把 a 定义在程序存储器中并赋值
const unsigned int c = 100;     //用 const 定义 c 为无符号 int 常量并赋值
```
以上两句它们的值都保存在程序存储器中,而程序存储器在运行中是不允许被修改的,所以如果在这两句后面用了类似 a＝110,a＋＋这样的赋值语句,编译时将会出错。

8.2 C51 的基本运算

C 语言的运算符分以下几种:

1. 算术运算符

顾名思义,算术运算符就是执行算术运算的操作符号。除了一般人所熟悉的四则运算(加减乘除)外,还有取余数运算,如表 8-5 所示。

表 8-5 算术运算符

符号	功能	范例	说明
＋	加	$A=x+y$	将 x 与 y 的值相加,其和放入 A 变量
－	减	$B=x-y$	将 x 变量的值减去 y 变量的值,其差放入 B 变量
*	乘	$C=x*y$	将 x 与 y 的值相乘,其积放入 B 变量
/	除	$D=x/y$	将 x 变量的值除以 y 变量的值,其商数放入 D 变量
%	取余数	$E=x\%y$	将 x 变量的值除以 y 变量的值,其余数放入 E 变量

程序范例:
```
main()
{
    int A,B,C,D,E,x,y;
    x = 8;
    y = 3;
    A = x + y;
    B = x - y;
    C = x * y;
    D = x/y;
    E = x % y;
}
```
程序结果:
A＝11、B＝5、C＝24、D＝2、E＝2

2. 关系运算符

关系运算符用于处理两个变量间的大小关系,如表 8-6 所示。

表 8-6　关系运算符

符号	功能	范例	说明
==	相等	$x==y$	比较 x 与 y 变量的值,相等则结果为 1,不相等则为 0
!=	不相等	$x!=y$	比较 x 与 y 变量的值,不相等则结果为 1,相等则为 0
>	大于	$x>y$	若 x 变量的值大于 y 变量的值,其结果为 1,否则为 0
<	小于	$x<y$	若 x 变量的值小于 y 变量的值,其结果为 1,否则为 0
>=	大等于	$x>=y$	若 x 变量的值大于或等于 y 变量的值,其结果为 1,否则为 0
<=	小等于	$x<=y$	若 x 变量的值小于或等于 y 变量的值,其结果为 1,否则为 0

程序范例:

```
main()
{
    Int A,B,C,D,E,F,x,y;
    x = 9;
    y = 4;
    A = (x == y);
    B = (x! = y);
    C = (x>y);
    D = (x<y);
    E = (x> = y);
    F = (x< = y);
}
```

程序结果:

A＝0、B＝1、C＝1、D＝0、E＝1、F＝0

3. 逻辑运算符

逻辑运算符就是执行逻辑运算功能的操作符号,如表 8-7 所示。

表 8-7　逻辑运算符

符号	功能	范例	说明
&&	逻辑与	$(x>y)\&\&(y>z)$	若 x 变量的值大于 y 变量的值,且 y 变量的值也大于 z 变量的值,其结果为 1,否则为 0
||	逻辑或	$(x>y)\|\|(y>z)$	若 x 变量的值大于 y 变量的值,或 y 变量的值大于 z 变量的值,其结果为 1,否则为 0
!	逻辑非	$!(x>y)$	若 x 变量的值大于 y 变量的值,其结果为 0,否则为 1

程序范例:

```
main()
{
    int A,B,C,x,y,z;
```

```
    x = 9;
    y = 8;
    z = 10;
    A = (x>y)&&(y<z);
    B = (x == y)||(y< = z);
    C = ! (x>z);
}
```

程序结果：

A＝0、B＝1、C＝1

4. 位运算符

位运算符与逻辑运算符非常相似，它们之间的差异在于位运算符针对变量中的每一位，逻辑运算符则是对整个变量进行操作。位运算的运算方式如表 8-8 所示。

表 8-8　位运算符

符号	功能	范例	说明
&	与运算	$A=x\&y$	将 x 与 y 变量的每个位,进行与运算,其结果放入 A 变量
|	或运算	$B=x\|y$	将 x 与 y 变量的每个位,进行或运算,其结果放入 B 变量
^	异或	$C=x^y$	将 x 与 y 变量的每个位,进行异或运算,其结果放入 C 变量
~	取反	$D=\sim x$	将 x 变量的每一位进行取反
<<	左移	$E=x<<n$	将 x 变量的值左移 n 位,其结果放入 E 变量
>>	右移	$F=x>>n$	将 x 变量的值右移 n 位,其结果放入 F 变量

程序范例：

```
main()
{
    char A,B,C,D,E,F,x,y;
    x = 0x25;/ * 即 0010 0101 * /
    y = 0x62; / * 即 0110 0010 * /
    A = x&y;
    B = x|y;
    C = x^y;
    D = ~ x
    E = x<<3;
    F = x>>2
}
```

程序结果：

即 A＝0x20，　　　B＝0x67，　　　　　C＝0x47，　　　　D＝0xda

（1）将 x 的值左移三位的结果

移出的三位"001"丢失，后面三位用 0 填充，因此运算后的结果是 00101000B，即 E＝0x28。

（2）将 x 的值右移两位的结果

移出去的两位"01"丢失，前面两位用"0"填充；因此，运算后的结果是 00001001B，即 F＝0x09。

5. 递增/减运算符

递增/减运算符也是一种很有效率的运算符，其中包括递增与递减两种操作符号，如表 8-9 所示。

表 8-9　递增/减运算符

符号	功能	范例	说明
++	加 1	x++	将 x 变量的值加 1
——	减 1	x--	将 x 变量的值减 1

程序范例：

```
main()
{
    int A,B,x,y;
    x = 6;
    y = 4;
    A = x++ ;
    B = y-- ;
}
```

程序结果：

A＝7,B＝3

8.3　C51 的程序设计基础

8.3.1　C51 中的常用语句

1. while 循环语句的格式如下

```
While(表达式)
{
    语句;
}
```

（1）特点：先判断表达式，后执行语句。

（2）原则：若表达式不是 0，即为真，那么执行语句。否则跳出 while 语句往下执行。

（3）程序范例：

while(1)；表达式始终为 1，形成死循环

```
{
    语句；
}
```

2. for 循环语句

for 语句是一个很实用的计数循环，其格式如下：

for(表达式 1,表达式 2,表达式 3)

```
    {
        语句；
    }
```

执行过程：

（1）求解一次表达式 1。

（2）求解表达式 2，若其值为真（非 0，即为真），则执行 for 中语句。然后执行第 3 步；否则结束 for 语句，直接跳出，不再执行第 3 步。

（3）求解表达式 3。

（4）跳到第 2 步重复执行。

程序范例 1：a＝0；

for(i＝0;i＜8;i＋＋)//控制循环执行 8 次

```
{
    a＋＋；
}
```

程序执行结果：a＝8

程序范例 2：a＝0；

for(x＝100;x＞0;x－－)//控制循环执行 100 次

```
{
    a＋＋；
}
```

程序执行结果：a＝100

3. if 选择语句

if-else 语句提供条件判断的语句，称为条件选择语句，其格式如下：

if(表达式)

```
{
    语句 1；
}
else
{
    语句 2；
}
```

在这个语句里,将先判断表达式是否成立,若成立,则执行语句 1;若不成立,则执行语句 2。

其中 else 部分也可以省略,写成如下格式:

if(表达式)

{

　　语句;

}

其他语句;

4. 多分支条件语句

条件语句实现多分支会使条件语句嵌套过多,程序冗长,这样也不好理解。此时应用开关语句既能达到处理多分支的目的,又能使程序结构清晰。它的语法如下:

(1) if(条件表达式 1) 语句 1

else if(条件表达式 2) 语句 2

…

else if(条件表达式 m) 语句 m

…

else if(条件表达式 n) 语句 n

else 语句 p

含义:从"条件表达式 1"开始顺次向下判断,当遇到为真的那个条件表达式,如"条件表达式 m",执行语句 m,之后不再判断余下的条件表达式,程序直接跳转到"语句 p"后面。如果所有的条件表达式没有一个为真,则执行"语句 p"。

(2) 开关语句

switch(表达式)

{

　　case 常量 1:语句 1

　　　　　　break;

　　case 常量 2:语句 2

　　　　　　break;

　　…

　　case 常量 m:语句 m

　　　　　　break;

　　…

　　case 常量 n:语句 n

　　　　　　break;

　　default:语句 p

}

含义:用表达式的值同"常量 1"到"常量 n"逐个比较,如果表达式的值与某个常量相等,假设与"常量 m"相等,则执行"语句 m",然后由 break 语句控制直接跳出 switch 开关。如果没有一个常量与表达式相等,则执行"default:语句 p",然后结束 switch 开关。

5. 其他语句

（1）绝对跳转语句：goto

标号：

语句 1

…

语句 n

…

goto 标号；

（2）返回语句：return

return（表达式或变量）；

含义：它是函数体的最后一条语句，控制函数结束。return 后面的括号中的表达式的值或变量就是函数的返回值。如果函数无返回值，则直接写 return 即可。

（3）退出语句：break 和 continue

含义：在循环体中如果执行了 break 语句，则直接跳出循环体，如果执行了 continue 语句，则 continue 后面的语句被全部跳过，循环体又重新从第一条语句开始执行。

8.3.2　数组

数组和普通变量一样，要求先定义了才能使用，表 8-10 是定义一维或多维数组的方式。

表 8-10　数组定义

数据类型	数组名	［常量表达式］；
数据类型	数组名	［常量表达式 1］…［常量表达式 N］；

"数据类型"是指数组中的各数据单元的类型，每个数组中的数据单元只能是同一数据类型；"数组名"是整个数组的标识，命名方法和变量命名方法是一样的。在编译时系统会根据数组大小和类型为变量分配空间，数组名能说就是所分配空间的首地址的标识。"常量表达式"是表示数组的长度和维数，它必须用"［］"括起，括号里的数不能是变量只能是常量。

```
unsigned int count [10];      //定义无符号整形数组,有 10 个数据单元
char inputstring [5];         //定义字符形数组,有 5 个数据单元
float outnum [10];            //定义浮点型数组,有 10 个数据单元
```

在 C 语言中数组的下标是从 0 开始的而不是从 1 开始，如一个具有 10 个数据单元的数组 count，它的下标就是从 count[0] 到 count[9]，引用单个元素就是数组名加下标，如 count[1] 就是引用 count 数组中的第 2 个元素，如果错用了 count[10] 就会有错误出现了。还有一点要注意的就是在程序中只能逐个引用数组中的元素，不能一次引用整个数组，但是字符型的数组就能一次引用整个数组。

数组也是能赋初值的。在上面介绍的定义方式只适用于定义在内存 DATA 存储器使用的内存，有的时候我们需要把一些数据表存放在数组中，通常这些数据是不用在程序中改变数值的，这个时候就要把这些数据在程序编写时就赋给数组变量。因为 51 芯片的片内 RAM 很有限，通常会把 RAM 分给参与运算的变量或数组，而那些程序中不变数据则应存

放在片内 CODE 存储区,以节省宝贵的 RAM。赋初值的方式如下:

　　数据类型　［存储器类型］　数组名　［常量表达式]＝{常量表达式};

　　数据类型　［存储器类型］　数组名　［常量表达式　1]…［常量表达式　N]＝{{常量表达式}…{常量表达式 N}};

在定义并为数组赋初值时,开始学习的朋友一般会搞错初值个数和数组长度的关系,而致使编译出错。初值个数必须小于或等于数组长度,不指定数组长度则会在编译时由实际的初值个数自动设置。

```
unsigned char LEDNUM[2] = {12,35};          //一维数组赋初值
int Key[2][3] = {{1,2,4},{2,2,1}};          //二维数组赋初值
unsigned char IOStr[] = {3,5,2,5,3};        //没有指定数组长度,编译器自动设置
unsigned char code skydata[] = {0x02,0x34,0x22,0x32,0x21,0x12};  //数据保存在
code 区
```

8.3.3　指针

指针就是指变量或数据所在的存储区地址。如一个字符型的变量 STR 存放在内存单元 DATA 区的 51H 这个地址中,那么 DATA 区的 51H 地址就是变量 STR 的指针。在 C 语言中指针是一个很重要的概念,正确有效地使用指针类型的数据,能更有效地表达复杂的数据结构,能更有效地使用数组或变量,能方便直接的处理内存或其他存储区。指针之所以能这么有效的操作数据,是因为无论程序的指令、常量、变量或特殊寄存器都要存放在内存单元或相应的存储区中,这些存储区是按字节来划分的,每一个存储单元都能用唯一的编号去读或写数据,这个编号就是常说的存储单元的地址,而读写这个编号的动作就称作寻址,通过寻址就能访问到存储区中的任一个能访问的单元,而这个功能是变量或数组等是不可能代替的。C 语言也因此引入了指针类型的数据类型,专门用来确定其他类型数据的地址。用一个变量来存放另一个变量的地址,那么用来存放变量地址的变量称为“指针变量”。如用变量 STRIP 来存放文章开头的 STR 变量的地址 51H,变量 STRIP 就是指针变量。下面用一个图表来说明变量的指针和指针变量两个不一样的概念,如图 8-1 所示。

图 8-1　指针变量说明

变量的指针就是变量的地址,用取地址运算符‘&’取得赋给指针变量。&STR 就是把变量 STR 的地址取得。用语句 STRIP＝&STR 就能把所取得的 STR 指针存放在 STRIP 指针变量中。STRIP 的值就变为 51H。可见指针变量的内容是另一个变量的地址,地址所属的变量称为指针变量所指向的变量。

要访问变量 STR 除了能用‘STR’这个变量名来访问之外,还能用变量地址来访问。方

法是先用 &STR 取变量地址并赋予 STRIP 指针变量,然后就能用 *STRIP 来对 STR 进行访问了。'*'是指针运算符,用它能取得指针变量所指向的地址的值。在图 8-1 中指针变量 STRIP 所指向的地址是 51H,而 51H 中的值是 40H,那么 *STRIP 所得的值就是 40H。使用指针变量之前也和使用其他类型的变量那样要求先定义变量,而且形式也相类似。

一般的形式如下:

数据类型　　[存储器类型]　　　*　　　变量名;

unsigned char xdata *pi　//指针会占用二字节,指针自身存放在编译器默认存储区,指向 xdata 存储区的 char 类型

unsigned char xdata * data pi; //除指针自身指定在 data 区,其他同上

int * pi; //定义为一般指针,指针自身存放在编译器默认存储区,占三个字节 在定义形式中"数据类型"是指所定义的指针变量所指向的变量的类型

"存储器类型"是编译器编译时的一种扩展标识,它是可选的。在没有"存储器类型"选项时,则定义为一般指针,如有"存储器类型"选项时则定义为基于存储器的指针。限于 51 芯片的寻址范围,指针变量最大的值为 0xFFFF,这样就决定了一般指针在内存会占用 3 个字节,第一字节存放该指针存储器类型编码,后两个则存放该指针的高低位址。而基于存储器的指针因为不用识别存储器类型所以会占一或二个字节,idata,data,pdata 存储器指针占一个字节,code,xdata 则会占二个字节。由上可知,明确的定义指针,能节省存储器的开销,这在严格要求程序体积的项目中很有用处。

指针的使用方法很多,限于篇幅以上只能对它做一些基础的介绍。下面用在讲述常量时的例程改动一下,用以说明指针的基本使用方法。

```
#include <AT89X51.H> //预处理文件里面定义了特殊寄存器的名称如 P1
void main(void)
{
;定义花样数据,数据存放在片内 CODE 区中
unsigned char code design[] = {0xFF,0xFE,0xFD,0xFB,0xF7,0xEF,0xDF,0xBF,0x7F,
0x7F,0xBF,0xDF,0xEF,0xF7,0xFB,0xFD,0xFE,0xFF,0xFF,0xFE,0xFC,0xF8,0xF0,0xE0,
0xC0,0x80,0x0,0xE7,0xDB,0xBD,0x7E,0xFF};
unsigned int a;                      //定义循环用的变量
unsigned char b;
unsigned char code * dsi;            //定义基于 CODE 区的指针
do{
dsi = &design[0];                    //取得数组第一个单元的地址
for (b = 0; b<32; b++)
{   for(a = 0; a<30000; a++);        //延时一段时间
P1 = * dsi;                          //从指针指向的地址取数据到 P1 口
dsi++; //指针加一,
}
}while(1);
}
```

为了能清楚的了解指针的工作原理，能使用 keil uv2 的软件仿真器查看各变量和存储器的值。编译程序并执行，然后打开变量窗口，如图 8-2 所示。用单步执行，就能查到指针的变量。如图 8-2 所示的是程序中循环执行到第二次，这个时候指针 dsi 指向 c:0x0004 这个地址，这个地址的值是 0xFE。在存储器窗口则能察看各地址单元的值。使用这种方法不但在学习时能帮助更好的了解语法或程序的工作，而且在实际使用中更能让你更快更准确的编写程序或解决程序中的问题。

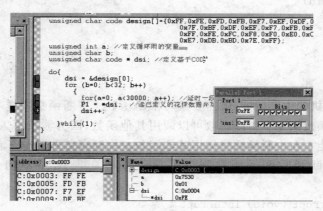

图 8-2　指针例程仿真

8.4　C51 的函数

1. 函数的定义

函数定义格式如下：

返回值的数据类型 函数名（形参变量 1 说明，…，形参变量 n 说明）

{局部变量定义

　函数体语句

　返回语句

}

一个函数包括如下几个要素：返回值，函数名，形式参数变量，函数体。形式参数变量就是该函数的局部变量，在该函数被调用时，主调者会将具体数据传递给形式参数变量，也就是说没发生函数调用之前，这个函数的形式参数变量没有实际意义。形式参数变量的声明同定义普通变量一样，格式为：形参变量数据类型　形参变量存储位置　形参变量名称。

在函数体里定义的变量称局部变量，局部变量只能在定义它们的函数体里使用，局部变量必须紧跟在函数体开始大括号"{"之后定义。函数体的最后一句是 return，用来处理函数的返回值。一个函数可以没有形式参数变量和返回值，定义格式如下：

void 函数名(void)

　{

　函数体语句

}

2．主函数

用户程序里必须且只能有一个名字叫 main 的主函数，main 函数不能有形参和返回值，main 函数不能被其他函数调用。main 函数的函数体是设计者根据自己的需要编写的主程序，在主程序里可以调用其他子函数（不包括中断函数）。在单片机上电后，用户程序总是从 main 函数体的第一条语句开始执行。主函数的书写格式为：

```
void main (void)
    {
    语句
}
```

3．中断函数

如果使用单片机的中断功能，就需要编写中断函数。中断函数同样不能有形参和返回值，也不能被其他函数调用。中断函数可以调用其他函数，因为涉及再入问题，使用时要十分小心，尽最大可能不在中断函数里调用其他函数。中断函数和其他子函数的名字可以任意起，如何区别中断函数和子函数呢？用 interrupt 关键字，中断向量号如表 8-11 所示。例：

```
void T0_interrupt (void) interrupt 1
```

表 8-11　中断向量号

中断源名称	中断号	中断源名称	中断号
外部中断 INT0	0	定时器/计数器 T1 中断	3
定时器/计数器 T0 中断	1	串行口中断 UART	4
外部中断 INT1	2	定时器/计数器 T2 中断 T	5

在 main 函数里调用 TwoDataAdd 函数：

```
void main(void)
    {
    char a,b;
    int c;
    a = 38;
    b = 99;
    c = TwoDataAdd (a,b);
    }
```

变量 a、b 称实参，调用 TwoDataAdd（）函数时，实参 a、b 的值分别传递给形参 FirstData 和 SecondData，用变量 c 接收函数的返回值。值传递的点是，在函数调用结束后，实参仍旧保持原来的值，即 a＝38、b＝99，而形参被释放。我们再通过程序说明地址传递：

```
void DataCompositor(char Array[],char Number)
{
char TemporaryData;
char i,j;
for(i = 0;i< Number;i + +)
```

```
{ for(j = i + 1;j< Number;j + + )
 { if(Array[i]< Array[j])
 { TemporaryData = Array[i];
   Array[i] = Array[j];
   Array[j] = TemporaryData;
   }
 }
 }
}
```

在 main 函数里调用 DataCompositor()排序函数：

```
void main(void)
{
 char FourDataArray[4] = {4,7,1,2};
 DataCompositor (FourDataArray,4);
}
```

上面的子程序用数组做形参,在实际调用时只需将实参数组名传递给形参数组,"数组名"就是该数组第一个元素的存储地址,地址传递给形参后,形参数组也指向了实参数组的实际存储地址,子函数对形参数组排序实际上就是对实参数组进行排序。当然我们也可以这样定义子函数:void DataCompositor(char * Array,char Number),执行结果是一样的。

函数通过 return 语句只能返回一个数据,通过数组的地址传递方式可以修改一系列同类型的数据,如果我们要操作且返回多个不同类型的变量怎么办呢?使用全局变量。全局变量使用起来是最方便的,只不过全局变量可以在多处被修改,使用时要相当细心。

4. 库函数

Keil C51 编译软件包含 10 个标准函数库,如果我们要使用某个函数,就必须把该函数所在的库包含进来。这 10 个函数库如表 8-12 所示。

表 8-12　库函数

函数库	对应的头文件	功能
字符函数	CTYPE. H	与 ASKII 码表相关
一般 I/O 函数	STDIO. H	与 UART 相关
字符串函数	STRING. H	字符串的截取、查找、比较等
标准函数	STDLIB. H	字符串与数字之间的转换
数学函数	MATH. H	求绝对值、平方开方、三角函数
绝对地址访问	ABSACC. H	绝对地址访问
内部函数	INTRINS. H	只有_NOP_()函数有用,相当于汇编里的 NOP
变量参数表	STDARG. H	不用
全程跳转	SETJMP. H	不用
SFR 访问	REG51/52. H	特殊功能寄存器声明

（1）无返回值、不带参数的函数的写法

【例 8-1】 写出一个完整的调用子函数的例子，用单片机控制一个 LED 灯闪烁发光。用 P1 口的第一个引脚控制一个 LED 灯，1 秒闪烁一次。

```
#include<reg52.h>                    //头文件
#define uint unsigned int            //宏定义
sbit D1 = P1^0;                      //声明单片机 P1 口的第一位
uint x,y;
void main()
{
    while(1)                         //大循环
    {
        D1 = 0;                      //点亮第一个发光二极管
        for(x = 500;x>0;x--)
            for(y = 110;y>0;y--);
        D1 = 1;                      //关闭第一个发光二极管
        for(x = 500;x>0;x--)
            for(y = 110;y>0;y--);
    }
}
```

在上面的程序中，可以看到在打开和关闭发光二极管的两条语句之后，是两个完全相同的 for 嵌套语句：

```
for(x = 500;x>0;x--)
    for(y = 110;y>0;y--);
```

在 C 语言中，如果有些语句不止一次用到，而且语句的内容都相同，那么就可以把这样的一些语句写成一个不带参数的子函数，当在主函数中需要这些语句时，直接调用这些语句就可以了。上面的 for 嵌套语句就可以写成如下子函数的形式：

```
void delay()        //延时子程序延时约 z 毫秒
{
    for(x = 500;x>0;x--)
        for(y = 110;y>0;y--);
}
```

其中 void 表示这个函数执行完后不返回任何数据，即它是一个无返回值的函数，delay 是函数名，一般写成方便记忆和读懂的名字，也就是一看到函数名就知道此函数实现的内容是什么，但注意不要和 C 语言中的关键字相同。紧跟函数名的是一个空括号，这个括号里没有任何数据或符号（即 C 语言中的参数），因此这个函数是一个无参数的函数。接下来的两个大括号中的语句是子函数中的语句。这就是无返回值、无参数函数的写法。

需要注意的是，子函数可以写在主函数的前面或是后面，但是不可以写在主函数的里面。当写在后面时，必须要在主函数之前声明子函数。声明方法是：将返回值特性、函数名及后面的小括号完全复制，如果无参数，则小括号里面为空；若是带参数函数，则需要在小括号里依次写上参数类型,只写参数类型,无须写参数,参数类型之间用逗号隔开,最后在小括号的后面加上分号";"。当子函数写在主函数前面时,不需要声明,因为写函数体的同时就已经相当于声明了函数本身。通俗地讲,声明子函数的目的是为了编译器在编译主程序的时候,当它遇到一个子函数时知道有这样一个子函数存在,并且知道它的类型和带参情况等信息,以方便为这个子函数分配必要的存储空间。

例 8-2 就是调用不带参数子函数的例子,通过调用子函数代替 for 嵌套语句,这样程序看起来简单。

【例 8-2】

```
#include<reg52.h>            //头文件
#define uint unsigned int    //宏定义
sbit D1 = P1^0;              //声明单片机 P1 口的第一位
void delay();                //声明子函数
void main()
{
    while(1)                 //大循环
    {
        D1 = 0;              //点亮第一个发光二极管
        delay();             //延时 500 ms
        D1 = 1;              //关闭第一个发光二极管
        delay();             //延时 500 ms
    }
}


void delay()                 //延时子程序延时约 500 ms
{
    uint x,y;
    for(x = 500;x>0;x--)
        for(y = 110;y>0;y--);
}
```

(2) 带参数函数的写法及调用

对于前面讲的子函数 delay(),调用一次延时 500 ms,如果我们要延时 300 ms,那么就要在子函数里把 x 的值赋为 300,要延时 200 ms 就要把 x 的值赋为 200,这样会很麻烦,如果会使用带参数的子函数会让问题简单化。将前面的子函数改为如下:

```
void delay(unsigned int z)
{
    uint x,y;
    for(x = z;x>0;x--)                 //x = z 即延时约 z 毫秒
        for(y = 110;y>0;y--);
}
```

上面代码中 delay 后面的括号中多了一句"unsigned int z",这就是这个函数所带的一个参数,z 是一个 unsigned int 型变量,又称这个函数的形参,在调用此函数时用一个具体真实的数据代替此形参,这个真实数据又被称为实参,在子函数里面所有和形参名相同的变量都被实参代替。使用这种带参数的子函数会使问题方便很多,如要调用一个延时 300 ms 的函数就可以写成"delay(300);",要延时 200 ms 可以写成"delay(200);"例 8-3 是一个调用带参数函数的例子。

【例 8-3】 调用子函数的例子,用单片机控制一个 LED 灯闪烁发光。用 P1 口的第一个引脚控制一个 LED 灯,让它亮 500 ms,灭 800 ms。

```
#include<reg52.h>          //头文件
#define uint unsigned int   //宏定义
sbit D1 = P1^0;            //声明单片机 P1 口的第一位
void delay(uint z);        //声明子函数
void main()
{
    while(1)               //大循环
    {
        D1 = 0;            //点亮第一个发光二极管
        delay(500);        //延时 500 ms
        D1 = 1;            //关闭第一个发光二极管
        delay(800);        //延时 800 ms
    }
}

void delay(unsigned int z)    //延时子程序延时约 500 ms
{
    uint x,y;
    for(x = z;x>0;x--)
        for(y = 110;y>0;y--);
}
```

【例 8-4】 利用定时器 T0 的方式 1,产生 10 ms 定时,并使 P1.0 引脚输出周期为 20 ms 的方波,采用中断方式,设系统时钟频率为 12 MHz。

```
#include"reg51.h"
sbit P10 = P1^0;
void timer0 (void) interrupt 1   //中断函数产生方波
{P10 = ! P10;
 TH0 = 55536/256;
 TL0 = 55536 % 256;
}
void main (void)
```

```
{TMOD = 0X01;                        //设置定时器模式方式
P10 = 0 ;
TH0 = 55536/256;
TL0 = 55536 % 256;
EA = 1 ;                             //设置 IE
ET0 = 1 ;
TR0 = 1 ;                            //启动 T0
while(1) ;
}
```

本 章 小 结

　　C51 是面向 51 系列单片机所使用的程序设计语言,使 MCS-51 单片机的软件具有良好的可读性和可移植性。具有操作直接、简洁和程序紧凑的优点,为大多数 51 单片机实际应用最为广泛的语言。

　　C51 编译器常用的数据类型有字符型、整型、长整型、浮点型、位型和指针型。任何数据都要以一定的存储器类型定位到单片机的存储区中,如用户未做定义,则依据系统默认存储器类型进行存储。

习　题

　　8-1　80C51 系列的单片机中,若定义的变量需要使用的是单片机内部 RAM,则定义时的存储器类型是_____,若定义的变量需要使用外部 64Kbytes 的存储区,则定义时的存储类型_____。存储器类型为 bdata 的变量存放于_____区,地址范围_____。

　　8-2　定义变量为有符号字符型变量数据类型为_____,无符号整型变量数据类型为_____。

　　8-3　定时器 T0 中断号为_____。

　　8-4　关键字 bit 和 sbit 有何区别?

　　8-5　C51 编程实现,用 T0 产生 1 秒定时,在 P0 口控制 8 个 LED 一次闪动,一秒左移一位,fosc＝12 MHz。

第9章 C51 基础应用设计

学 习 目 标

(1) 掌握 51 单片机典型应用的硬件设计。
(2) 掌握 51 单片机典型应用的程序设计。

学 习 重 点 和 难 点

(1) 数码管的滚动显示。
(2) 矩阵键盘判断键号的方法。

9.1 LED

【例 9-1】 设计利用 P0 口驱动的 8 个 LED 从左到右循环依次点亮,产生流水灯效果。

1. 电路原理图

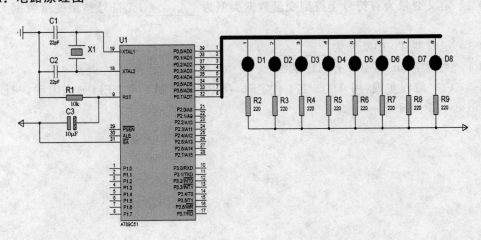

2. 参考程序

```
#include<reg51.h>
#include<intrins.h>
#define uchar unsigned char
#define uint unsigned int
//延时
void DelayMS(uint x)
{
    uchar i;
    while(x--)
    {
        for(i=0;i<120;i++);
    }
}
//主程序
void main()
{
    P0 = 0xfe;
    while(1)
    {
        P0 = _crol_(P0,1);  //P0 的值向左循环移动
        DelayMS(150);
    }
}
```

3. 程序说明

"_crol_(P0,1)"函数是循环左移函数,括号中第一个参数为循环对象,即对 P0 口内容循环;第二个参数为左移位数,即左移一位。使用编程时注意一定要包含移位函数的头文件,即"#include<intrins.h>",同理还可以使用循环右移函数"_cror_"产生反复循环点亮流水灯的效果。

9.2 数码管

【例 9-2】 利用 P0 口驱动单只数码管循环显示 0～9。

1. 电路原理图

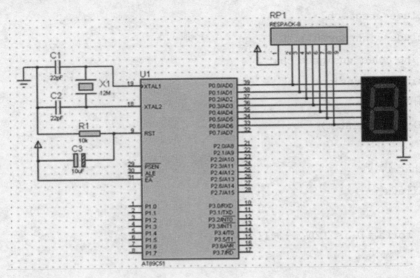

2. 参考程序

```
#include<reg51.h>
#include<intrins.h>
#define uchar unsigned char
#define uint unsigned int
uchar code DSY_CODE[] = {0xc0,0xf9,0xa4,0xb0,0x99,0x92,0x82,0xf8,0x80,0x90,0xff};
//延时
void DelayMS(uint x)
{
    uchar t;
    while(x--)
for(t = 0;t<120;t++);
}
//主程序
void main()
{
    uchar i;
    P0 = 0x00;
    while(1)
    { for(i = 0;i<11;i++)
      { P0 = ~DSY_CODE[i];
      DelayMS(300);
      }
    }
}
```

3. 程序说明

段码显示输出"P0＝～DSY_CODE[i];"之所以要取反,是因为硬件选用的共阴极数码管,但是数组定义的是共阳极数码管的段码,因此输出前取反才行。

【例 9-3】　8 位数码管动态显示 8 个字符 0～7。

1. 电路原理图

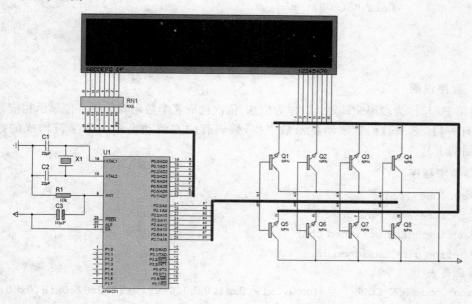

2. 参考程序

```c
#include<reg51.h>
#include<intrins.h>
#define uchar unsigned char
#define uint unsigned int
uchar code DSY_CODE[]={0xc0,0xf9,0xa4,0xb0,0x99,0x92,0x82,0xf8,0x80,0x90};
//延时
void DelayMS(uint x)
{
    uchar t;
    while(x--) for(t=0;t<120;t++);
}
//主程序
void main()
{
    uchar i,wei=0x80;
    while(1)
    {
        for(i=0;i<8;i++)
```

```
        {
            P2 = 0xff;    //关闭显示
            wei = _crol_(wei,1);
            P0 = DSY_CODE[i];   //发送数字段码
            P2 = wei;    //发送位码
            DelayMS(300);
        }
    }
}
```

3. 程序说明

利用 P0 口作为段码驱动,P2 口作为位选,依次选取 8 个数码管的每一位显示相应数字。

【例 9-4】 8 只数码管滚动显示数字串,数码管向左滚动显示 3 个字符构成的数字串(原理图同上)。

1. 参考程序

```
#include<reg51.h>
#include<intrins.h>
#define uchar unsigned char
#define uint unsigned int
//段码表
uchar code DSY_CODE[] = {0xc0,0xf9,0xa4,0xb0,0x99,0x92,0x82,0xf8,0x80,0x90,
0xff};
//下面数组看作环形队列,显示从某个数开始的 8 个数(10 表示黑屏)
uchar Num[] = {10,10,10,10,10,10,10,10,2,9,8};
//延时
void DelayMS(uint x)
{
    uchar t;
    while(x--) for(t = 0;t<120;t++);
}
//主程序
void main()
{
uchar i,j,k = 0,m = 0x80;
while(1)
{   //刷新若干次,保持一段时间的稳定显示
    for(i = 0;i<15;i++)
    {
        for(j = 0;j<8;j++)
        {   //发送段码,从第 k 个开始取第 j 个
            P0 = 0xff;
```

```
        P0 = DSY_CODE[Num[(k + j) % 11]];
        m = _crol_(m,1);
        P2 = m;  //发送位码
        DelayMS(2);
      }
    }
    k = (k + 1) % 11;  //环形队列首支针 k 递增,Num 下标范围 0～10,故对 11 取余
  }
}
```

2. 程序说明

$k=(k+1)\%11$;是因为采用环形取法,环形队列首支针 k 递增,Num 下标范围 $0\sim10$,故对 11 取余。

9.3　8×8 点阵显示

【例 9-5】　利用 P0 口和 P2 口驱动单只 8×8 点阵,显示左箭头,左移动态效果程序。

1. 电路原理图

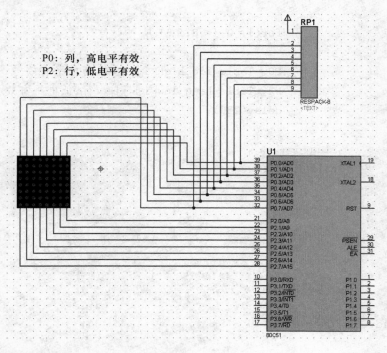

2. 参考程序

```
//8×8 点阵左箭头,左移动态效果 程序
//硬件:P0 口和 P2 口
```

```
#include<reg52.h>

//列,高电平有效,P0 口
unsigned char code Table_lie_high[] = {0x80,0x40,0x20,0x10,0x08,0x04,0x02,
0x01};

//左箭头,P2 口,行,低电平有效
unsigned    char    code table_hang_low[] = {0xEF,0xD7,0xBB,0x6D,0xEF,0xEF,
0xEF,0xEF,0xEF,0xD7,0xBB,0x6D,0xEF,0xEF,0xEF,0xEF};
void delay(unsigned int s);

void main()
{   while(1)
    {   unsigned char i,j;
        unsigned int flag;
    //显示 8 幅像,动态左移左箭头
        for(j = 0;j<8;j++)//8 幅图像
        {      flag = 15;    //改变 flag 的值,就可以改变运动的速度//////////
               //不停的显示一幅图像
               do{
                       for(i = 0;i<8;i++)
                   {
                       P0 = Table_lie_high[i];//列,高电平有效
                       P2 = Table_hang_low[i + j];//行,低电平有效
                       delay(230);
                   }
                 flag -- ;
               }while(flag);


        }
    }


}

void delay(unsigned int s)
{
    unsigned int i;
        for(i = 0;i<s;i++)
{}
}
```
· 172 ·

3. 程序说明

利用 P0 口作为 8×8 点阵列驱动,高电平有效;P2 口作为 8×8 点阵行驱动,高电平有效。所显示的左箭头用字模软件进行取模,其图形字模存在数组 table_hang_low[]中,为了进行动态显示,所以在原有 8 个字节的基础上又加了一次,一共 16 个字节。具体静态显示程序详见:注释:"不停的显示一幅图像"下面的程序。具体动态显示程序详见:注释:"显示 8 幅像,动态左移左箭头"下面的程序。

9.4　液　晶　显　示

【例 9-6】　利用 P0 口和 P2 口驱动 1602 液晶显示屏,显示 a2015。

1. 电路原理图

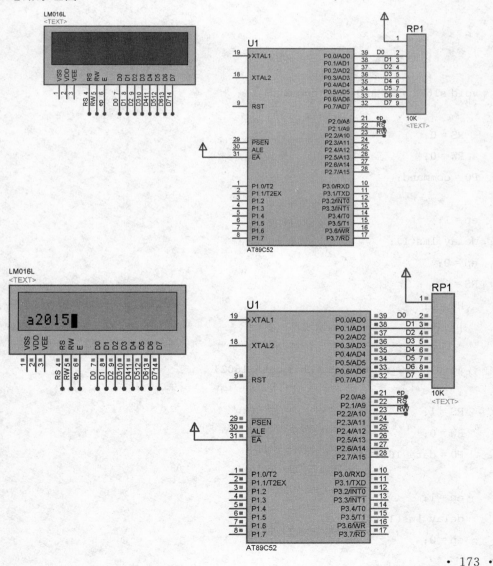

2. 参考程序

```c
#include<reg52.h>
sbit ep = P2^0;
sbit RS = P2^1;
sbit RW = P2^2;
void delay_1ms(int ms)
{       int i,j;
    for(i = 0;i<120;i++)
    {
        for(j = 0;j<ms;j++)
        {
        }
    }
}


void s1602_COMMAND(char command)
{
  RS = 0;
  RW = 0;
P0 = command;

ep = 1;
delay_1ms(1);
ep = 0;
RS = 1;
  RW = 1;
  }

  void s1602_write_data(char data_1602)
  {
RS = 1;
RW = 0;
P0 = data_1602;

ep = 1;
delay_1ms(1);
ep = 0;
```

```
    RS = 0;
    RW = 1;
}

void s1602_read_data(void)
{
    RS = 1;
    RW = 1;


    ep = 1;
    delay_1ms(1);

    P1 = P0;
    ep = 0;
    RS = 0;
    RW = 0;
}

void s1602_read_busy(void)
{
    RS = 0;
    RW = 1;


    ep = 1;
    delay_1ms(1);

    P1 = P0;
    ep = 0;
    RS = 1;
    RW = 0;
}


void main()
{//开机准备
    s1602_COMMAND(0x38);
    delay_1ms(3);
```

```
    s1602_COMMAND(0x38);
    delay_1ms(3);
    s1602_COMMAND(0x38);
    delay_1ms(3);
    s1602_COMMAND(0x38);
    delay_1ms(3);

    s1602_COMMAND(0x08);
    s1602_COMMAND(0x01);
delay_1ms(3);
s1602_COMMAND(0x06);
    s1602_COMMAND(0x0c);
//delay_1ms(3);
    s1602_COMMAND(0x0f);//有光标并闪烁
//    delay_1ms(3);

//在指定位置
    s1602_COMMAND(0x80 + 0x40);
    //写数据
    s1602_write_data('a');
    s1602_write_data(0x32);
    s1602_write_data(0x30);
    s1602_write_data(0x31);
    s1602_write_data(0x35);
        //读出最后一次写的数据或命令
                s1602_read_data();
//读忙不忙及当前光标位置
                s1602_read_busy();
while(1);
}
```

3. 序说明:

利用 P0 口和 P2.0~2.2 共 11 个线驱动 1602 液晶屏,其中 P0 口为 8 位数据线,P2.0~2.2 分别为控制信号 EP、RS、RW。读和写的时序不一样,具体体现在:RW 电平不同,DATA 的顺序不同。读数据(或指令)和读忙不忙的时序也不同。

9.5 矩阵键盘

【例 9-7】 数码管显示 4×4 矩阵键盘按键号。

1. 电路原理图

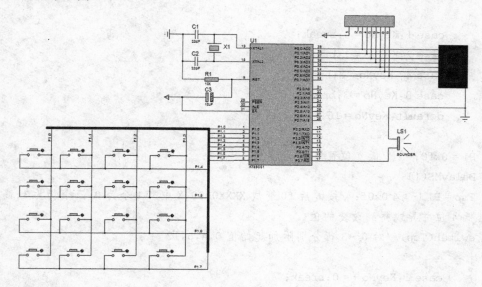

2. 参考程序

```
#include<reg51.h>
#define uchar unsigned char
#define uint unsigned int
//段码
uchar code DSY_CODE[] = {0xc0,0xf9,0xa4,0xb0,0x99,0x92,0x82,0xf8,0x80,0x90,
                         0x88,0x83,0xc6,0xa1,0x86,0x8e,0x00};
sbit BEEP = P3^7;
//上次按键和当前按键的序号,该矩阵中序号范围 0～15,16 表示无按键
uchar Pre_KeyNo = 16,KeyNo = 16;
//延时
void DelayMS(uint x)
{
    uchar i;
    while(x--) for(i = 0;i<120;i++);
}
//矩阵键盘扫描
void Keys_Scan()
{
    uchar Tmp;
    P1 = 0x0f;//高 4 位置 0,放入 4 行
    DelayMS(1);
    Tmp = P1^0x0f;//按键后 0f 变成 0000XXXX,X 中一个为 0,3 个仍为 1,通过异或把 3
个 1 变为 0,唯一的 0 变为 1
```

```
    switch(Tmp)//判断按键发生于 0～3 列的哪一列
    {
        case 1:KeyNo = 0;break;
        case 2:KeyNo = 1;break;
        case 4: KeyNo = 2;break;
        case 8:KeyNo = 3;break;
        default:KeyNo = 16;//无键按下
    }
    P1 = 0xf0;    //低 4 位置 0,放入 4 列
    DelayMS(1);
    Tmp = P1>>4^0x0f;//按键后 f0 变成 XXXX0000,X 中有 1 个为 0,三个仍为 1;高 4 位
转移到低 4 位并异或得到改变的值
    switch(Tmp)//对 0～3 行分别附加起始值 0,4,8,12
    {
        case 1:KeyNo += 0;break;
        case 2:KeyNo += 4;break;
        case 4:KeyNo += 8;break;
        case 8:KeyNo += 12;
    }
}
//蜂鸣器
void Beep()
{
    uchar i;
    for(i = 0;i<100;i ++ )
    {
        DelayMS(1);
        BEEP = ~BEEP;
    }
    BEEP = 0;
}
//主程序
void main()
{
    P0 = 0x00;
    BEEP = 0;
    while(1)
    {
        P1 = 0xf0;
```

```
    if(P1! = 0xf0) Keys_Scan();  //获取键序号
    if(Pre_KeyNo! = KeyNo)
    {
        P0 = ~DSY_CODE[KeyNo];
        Beep();
        Pre_KeyNo = KeyNo;
    }
    DelayMS(100);
  }
}
```

9.6　继电器与蜂鸣器

【例 9-8】　继电器控制照明设备,按下 K1 灯点亮,再次按下时灯熄灭。

1. 电路原理图

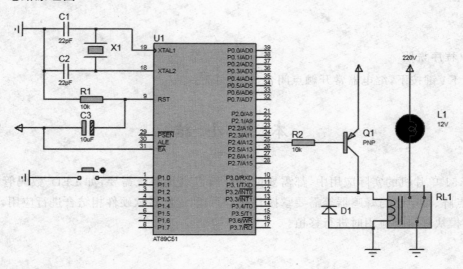

2. 参考程序

```
#include<reg51.h>
#define uchar unsigned char
#define uint unsigned int
sbit K1 = P1^0;
sbit RELAY = P2^4;
//延时
void DelayMS(uint ms)
{
```

```
    uchar t;
    while(ms - - )for(t = 0;t<120;t + + );
}
//主程序
void main()
{
    P1 = 0xff;
    RELAY = 1;
    while(1)
    {
        if(K1 = = 0)
        {
            while(K1 = = 0);
            RELAY = ~RELAY;
            DelayMS(20);
        }
    }
}
```

3. 程序说明

当 K1 键按下,继电器常开触点闭合,使得灯亮。

本 章 小 结

在 51 单片机的实际应用中,都需要配有外设以满足系统需要,如 LED、数码管、液晶、键盘、点阵、继电器与蜂鸣器等需要掌握其基本原理,能够将软硬件相结合进行应用,也可作为基本模块在需要应用时进行移植。

第 10 章 C51 单片机实验

10.1 实验一 Keil μVision 软件的使用

1. 实验目的

（1）学习使用 Keil μVision 软件，熟悉各窗口功能。

（2）能够建立项目文件并进行调试。

（3）会观察各寄存器结果及存储器内容。

2. 实验内容

学会使用 Keil μVision 软件。

（3）实验步骤

KeilμVision C51 软件是众多单片机应用开发的优秀软件之一，它集编辑，编译，仿真于一体，支持汇编，汇编语言和 C 语言的程序设计，界面友好，易学易用。进入 Keil μVision C51 后，屏幕如图 10-1 所示。几秒钟后出现编辑界面。

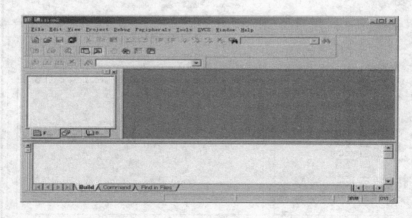

图 10-1　进入 Keil μVision C51 后的编辑界面

（1）新建工程

单击"Project"菜单，在弹出的下拉菜单中选中"New Project"选项，如图 10-2 所示。

然后选择你要保存的路径，输入工程文件的名字，比如保存到 D 盘的 CMJ51 文件夹里，工程文件的名字为 CMJ1 如图 10-3 所示，然后单击"保存"。

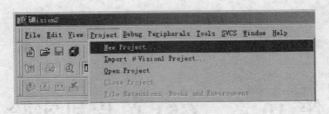

图 10-2　新建工程

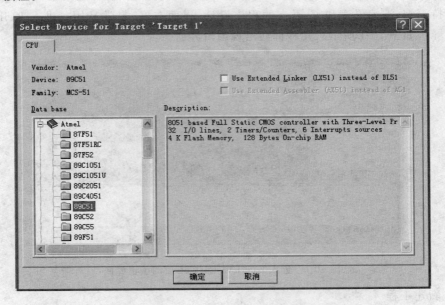

图 10-3　保存项目

　　这时会弹出一个对话框,要求你选择单片机的型号,你可以根据你使用的单片机来选择,Keil μVision C51 几乎支持所有的 51 核的单片机,我这里还是以大家用的比较多的 Atmel 的 89C51 来说明,如图 10-4 所示,选择 89C51 之后,右边栏是对这个单片机的基本的说明,然后单击"确定"按钮。

图 10-4　选择芯片

　　完成上一步骤后,屏幕如图 10-5 所示。

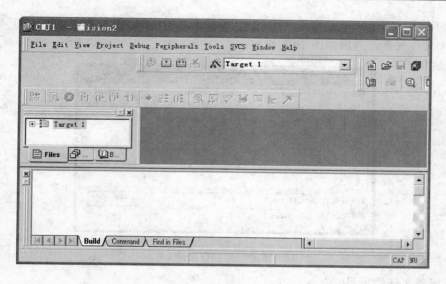

图 10-5　项目建立完成

（2）新建文件

在图 10-6 中，单击"File"菜单，再在下拉菜单中单击"New"选项。

新建文件后屏幕如图 10-6 所示。

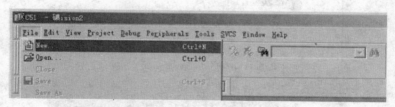

图 10-6　新建文件

此时光标在编辑窗口里闪烁，这时可以输入用户的应用程序了。

输入程序后界面如图 10-7 所示。

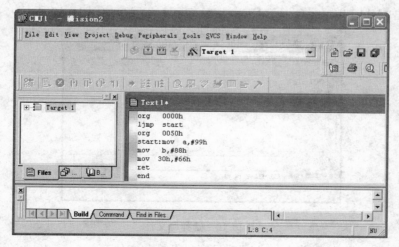

图 10-7　文件编辑区

单击 file 菜单下的 save，出现一个对话框，输入文件名，后缀名为.asm，进行保存到 D 盘 CMJ51 文件夹下。界面如图 10-8 所示。

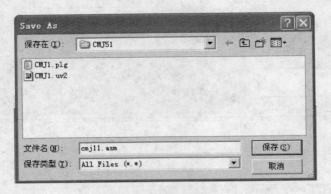

图 10-8　保存文件

（3）加载文件到项目

回到编辑界面后，单击"Target 1"前面的"＋"号，然后在"Source Group 1"上单击右键，弹出如图 10-9 所示的菜单。

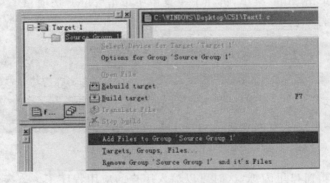

图 10-9　加载文件设置

然后单击"Add Files to Group 'Source Group 1'"屏幕如图 10-10 所示。

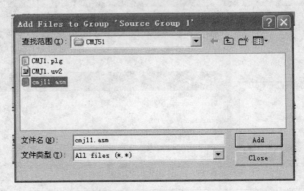

图 10-10　选择源文件

选中"cmj1.asm"，然后单击"Add "项目窗口可见此文件。

（4）汇编连接

单击如图 10-11 所示的图标（Rebuilt all target files）。

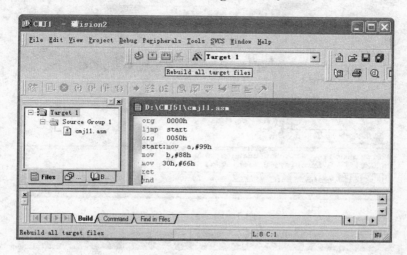

图 10-11　编译文件

出现如图 10-12 所示的界面。

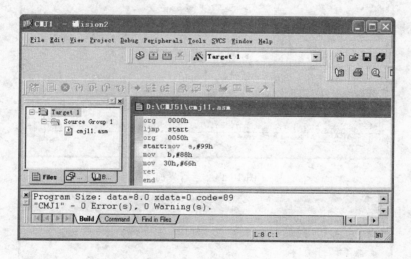

图 10-12　编译结果信息

（5）调试运行

单击如图 10-13 所示的图标（start/stop debug session），进入调试状态。

出现如图 10-14 所示的界面。

运行方式一：单击一次如图 10-15 所示的图标（step into），程序就能运行一条，一直到程序的结束。

运行方式二：直接单击图标（run）全速运行，一次执行到最后。

运行方式三：设置断点（breakpoint）并全速运行到断点所在处。

运行结束后，直接可以在如图 10-15 所示的界面中看结果。

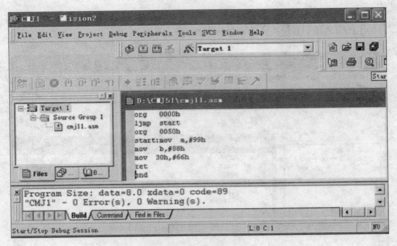

图 10-13　调试界面

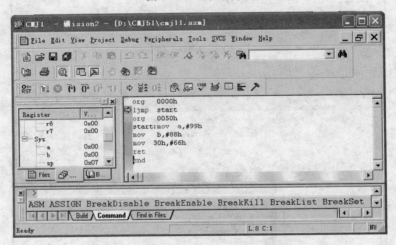

图 10-14　运行界面

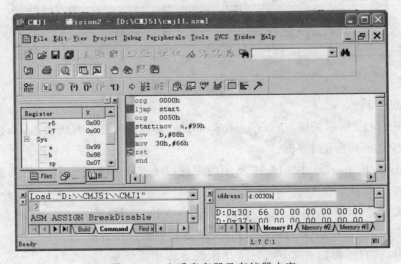

图 10-15　查看寄存器及存储器内容

　　特殊功能寄存器中的内容可以在界面中直接看到,存储单元的内容在存储器窗口的 memory #1 中输入如图 10-15 所示的地址,即可看到该单元的内容为 66H。注意,片内 RAM 查看 d:xxh,片外 RAM 查看 x:xxxxh,程序存储器(ROM)查看 c:xxxxh。

4. 实验程序

```
        ORG   0000H
        LJMP  START
        ORG   0050H
START: MOV   A,  #99H
        MOV   B,  #88H
        MOV   30H,  #66H
        RET
        END
```

5. 实验结果

观察到项目窗口 Register 中 a　0x99,b　0x88,存储器窗口中 d:0x30 中为 66。

6. 练习

1. 思考 Keil μVision 软件下编写程序时,分为几个步骤,分别是什么?
2. 利用 Keil μVision 软件调试书中任意程序。

10.2　实验二　存储器块置数

1. 实验目的

(1) 掌握存储器读写方法。
(2) 了解存储器的块操作方法。
(3) 能将指定的片内或片外 RAM 设置成任意数值。

2. 实验内容

将片外 RAM6000H 单元开始的连续 256 个单元设置成 11H。

3. 参考程序

```
MOV   DPTR, #4000H      //起始地址
      MOV   R0, #0        //循环次数为 256 次
      MOV   A,  #11H      //设置的固定数值
LOOP: MOVX  @DPTR, A
      INC   DPTR          //指向下一个地址
      DJNZ  R0, LOOP      //循环判断退出
      LJMP  $
      END
```

4. 实验步骤

(1) 启动 Keil μVision 软件并调试运行此程序。

（2）Keil μVision 运行页面，如图 10-16 所示。

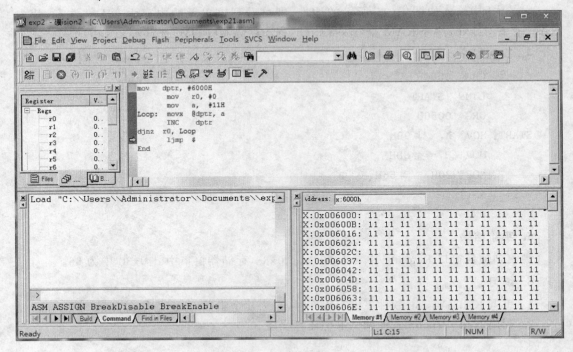

图 10-16　运行结果

5. 实验结果

X:6000H 开始的连续 256 个单元被设置成固定数值 11H。

6. 练习

（1）将片内 40H 开始的连续 10 个单元设置成数值 12H。

（2）将片外 40000H 开始的连续 100 个单元设置成递增数值，例如 4000H 存放 0，
4001H 存放 1，以此类推。

10.3　实验三　二进制到 BCD 转换

1. 实验目的

（1）掌握简单的数值转换算法。

（2）基本了解数值的各种表达方法。

（3）学习子程序调用的编程方法。

2. 实验内容

将累加器 A 中一个给定的二进制数，转换成三个二-十进制数（BCD 码），并存入 20H
开始的三个单元。

3. 参考程序

RESULT　EQU　20H

```
    ORG    0                  ;复位入口
    LJMP   START
BINTOBCD:                      ;数值转换子程序
    MOV    B，♯100
    DIV    AB
    MOV    RESULT,A            ;取出百位
    MOV    A，B
    MOV    B，♯10
    DIV    AB
    MOV    RESULT＋1，A         ;余数除以 10，得十位数
    MOV    RESULT＋2，B         ;余数为个位数
    RET
START:                         ;主程序
    MOV    SP，♯40H
    MOV    A，♯123             ;转换实参
    LCALL  BINTOBCD
    SJMP   $
    END
```

4. 实验步骤

(1) 启动 Keil μVision 软件并调试运行此程序。

(2) Keil μVision 运行页面，如图 10-17 所示。

图 10-17　运行结果

5. 实验结果

D:20H 开始的单元拆分为 01 02 03,实现数据拆分显示。

6. 练习

(1) 将 234 拆分为 BCD 码分别存储到 30H 开始的连续单元。

(2) 将 123,234 两个数分别拆分,分别存储到 30H 开始的连续单元中。(本题易产生结果覆盖,建议结果单元利用间接寻址指针来存储)

(3) 利用子程序编写查平方表的程序,能够实现查 2 的平方数值。

10.4 实验四 存储块移动

1. 实验目的

(1) 了解片内外存储器的移动方法。

(2) 加深对存储器读写的认识。

2. 实验内容

将片内 30H 开始的连续 10 个单元移到片内 40H 开始的连续单元中。

3. 参考程序

```
      MOV   R0,#30H        ;设置源地址首地址指针
      MOV   R1,#40H        ;设置目的地址首地址指针
      MOV   R2,#10         ;设置循环次数
LP:   MOV   A,@R0
      MOV   @R1,A
      INC   R0
      INC   R1
      DJNZ  R2,LP
      SJMP  $
      END
```

4. 实验步骤

(1) 启动 Keil μVision 软件并调试运行此程序。

(2) Keil μVision 运行页面,如图 10-18 所示。

(3) 调试技巧:由于片内仿真器默认均为 0,所以无法查看是否进行块移动,故将源地址数据进行更改设置后再全速运行。更改方法如下:

① 修改源地址数据,如图 10-19 和图 10-20 所示。

② 修改好数值后,全速运行后查看目的地址,如图 10-21 所示。

5. 实验结果

能够观察到源地址 30H 开始的连续 10 个单元被整体移动到 40H 开始单元中。

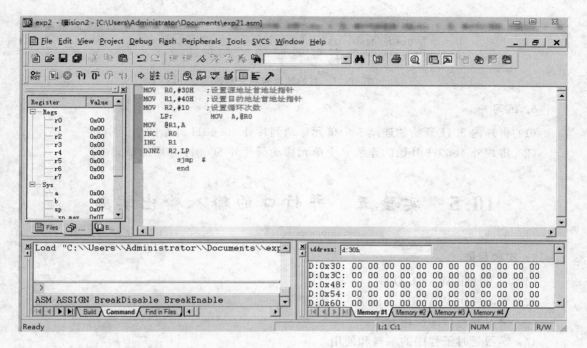

图 10-18　调试界面

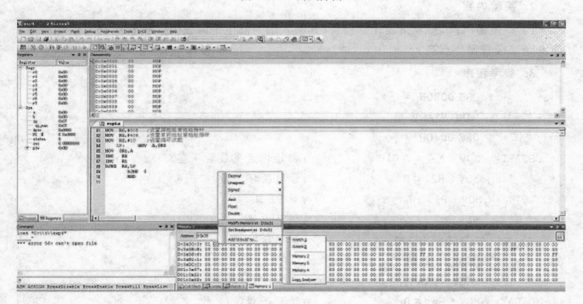

图 10-19　修改存储器数值

address:	d:30h

```
D:0x30: 01 02 03 04 05 06 07 08 09 0A 00
D:0x46: 07 08 09 0A 00 00 00 00 00 00 00 00
```

图 10-20　连续修改 10 个数字

```
Address: d:40h
D:0x40: 01 02 03 04 05 06 07 08 09 0A 00 00
D:0x56: 00 00 00 00 00 00 00 00 00 00 00 00 00
```

图 10-21　目的地址被移动修改

6. 练习

(1) 将片内 30H 开始的连续 5 个单元移动到片外 40000H 开始的单元中。

(2) 将片外 4000H 开始的连续 8 个单元移动到片外 5000H 开始的单元中。

10.5　实验五　并行口的输入输出实验

1. 实验目的

(1) 学习使用 WAVE 软件。

(2) 学习使用 WAVE LAB6000 实验箱

(3) 学习并行口的使用方法。

(4) 学习延时子程序的编写和使用

2. 实验内容

P1 口做输出口,接 8 只发光二极管(其输入端为高电平时发光二极管点亮),编写程序,使发光二极管循环点亮。

3. 参考程序

```
        ORG 0000H
        LJMP START
        ORG 0040H
START:  MOV  A ,  ♯01H        ;初始化点亮最后一盏灯
        MOV  R2,♯8            ;设置循环次数
LP:     MOV  P1, A            ;写 P1 口
        RL  A                 ;循环左移
        LCALL   DELAY         ;调用延时
        DJNZ  R2,LP
        SJMP  START
DELAY:  MOV  R6,♯0            ;延时子程序{1 秒}
        MOV  R7,♯0
DLP:    DJNZ  R6,DLP
        DJNZ  R7,DLP
        RET
        END
```

4. 实验步骤

（1）实验箱硬件连线。（实验箱采用拉电流驱动方式）

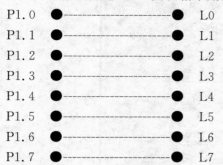

P1.0 ●————————● L0

P1.1 ●————————● L1

P1.2 ●————————● L2

P1.3 ●————————● L3

P1.4 ●————————● L4

P1.5 ●————————● L5

P1.6 ●————————● L6

P1.7 ●————————● L7

（2）WAVE 软件使用方法

① 设置仿真器如图 10-22 所示，选择 Lab6000 微控制器，选择 MCS51 仿真头。（因使用硬件实验箱，故一定不要选择使用伟福软件模拟器）

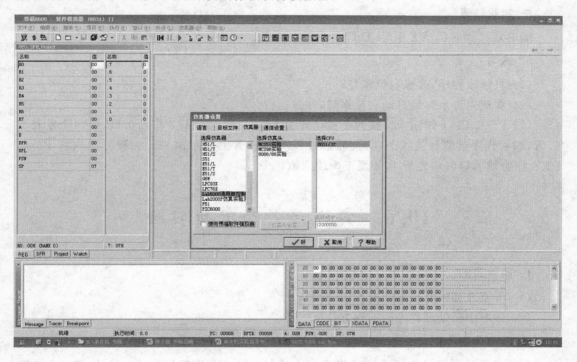

图 10-22　设置仿真器

② 通信设置，选择使用 USB 通信，确保实验箱电源线和 USB 数据线已经插好。实验箱开机状态下确认好，如图 10-23 所示。

③ 若连接上会弹出已连接硬件实验箱对话框，通信连接结束。

④ 单击主菜单文件，新建一个文件，保存到 E 盘或者 F 盘根目录下，命名为 xx.asm 文件。

⑤ 单击主菜单项目，编译（F9），确保信息窗口（Message）没有错误。

⑥ 单击主菜单执行，全速执行（Ctrl＋F9），观察实验箱效果。

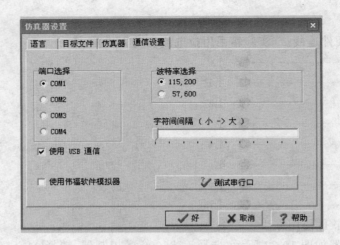

图 10-23　使用 USB 通信设置

5. 实验结果

能够观察到实验箱 8 个 LED 灯向左依次点亮。

6. 练习

(1) 只修改程序,改成右流水灯。

(2) 实现左流水灯后自动右流水灯,往复运行。

(3) P1.0、P1.1 作输入口接两个拨动开关 S0、S1;P1.2,P1.3 作输出口,接两个发光二极管,编写程序读取开关状态,将此状态在发光二极管上显示出来。编程时应注意 P1.0、P1.1 作为输入口时应先置 1,才能正确读入值。

10.6　实验六　外中断实验

1. 实验目的

(1) 学习外部中断技术的基本使用方法。

(2) 学习中断处理程序的编程方法。

2. 实验内容

利用单脉冲触发外中断 0,在中断程序中控制 P1.0 灯,实现每按一次脉冲,灯的状态改变一次。

3. 参考程序

```
ORG 0000H
LJMP START
ORG 0003H
LJMP INT00
ORG 0040H
```

```
START: CLR P1.0
       MOV TCON,＃01H
       MOV IE,＃81H
       SJMP $
INT00:  CPL P1.0
        RETI
        END
```

4. 实验步骤

（1）实验箱硬件连线。（实验箱采用拉电流驱动方式）

P1.0 ●————————————● L0

P3.2 ●————————————● 单脉冲信号

（2）编写程序通过 WAVE 软件调试运行。

① TCON 的设置。

TCON (88H)	TF1	TR1	TF0	TR0	IE1	IT1	IE0	IT0
	0	0	0	0	0	0	0	1

② IE 的设置。

IE (A8H)	EA	X	X	ES	ET1	EX1	ET0	EX0
	1	0	0	0	0	0	0	1

5. 实验结果

能够观察到实验箱每按一次单脉冲,LED 灯状态改变一次。

6. 练习

（1）利用外部中断 1 实现 LED 灯的控制。

（2）利用外中断 0 低电平触发控制 L0 灯亮（将 P3.2 接到推动开关 S1），再设置外中断 1 为高优先级,脉冲触发控制 L0 灭。

10.7　实验七　计数器实验

1. 实验目的

（1）学习 51 单片机内部计数器的设置方法。

（2）利用计数器记录外部脉冲个数。

2. 实验内容

利用计数器 T0,工作在方式 1,对 P3.4 引脚的脉冲进行计数,将其数值按二进制数在 P1 口驱动 LED 显示出来。

3. 参考程序

```
        ORG   0000H
        LJMP  START
        ORG   0040H
START： MOV   TMOD，♯05H
        MOV   TH0，♯0
        MOV   TL0，♯0
        SETB  TR0
LP：     MOV P1，TL0
        SJMP  LP
        END
```

4. 实验步骤

（1）实验箱硬件连线。（实验箱采用拉电流驱动方式）

```
P1.0 ●----------------------● L0
P1.1 ●----------------------● L1
P1.2 ●----------------------● L2
P1.3 ●----------------------● L3
P3.4 ●----------------------● 单脉冲信号
```

（2）编写程序通过 WAVE 软件调试运行。

TMOD 的设置。

TMOD	GATE	C/$\overline{\text{T}}$	M1	M0	GATE	C/$\overline{\text{T}}$	M1	M0
(89H)	0	0	0	0	0	1	0	1

5. 实验结果

能够观察到实验箱每按一次单脉冲，LED 灯用二进制显示数值。

6. 练习

（1）利用计数器 T1 实现此要求。

（2）利用计数器 T1 计外部单脉冲触发次数，每达到 5 次，用中断控制 P1.0 发出闪烁信号。

10.8　实验八　定时器实验

1. 实验目的

（1）进一步掌握定时器的使用和编程方法。

（2）进一步掌握中断处理程序的编程方法。

2. 实验内容

利用计数器 T0，工作在方式 1，定时 20 ms，在 P1.0 引脚输出周期为 40 ms 的方波。

3. 参考程序

```
        ORG   0000H
        LJMP  MAIN
        ORG 000BH
        LJMP TIMER0
        ORG   0040H
MAIN:   MOV  TMOD,＃01H
        MOV THO,＃(65536－10000)/256
        MOV  TL0,＃（65536－10000)％256
        MOV  IE，＃82H
        SETB  TR0
        SJMP   $
TIMER0:CPL   P1.0
        MOV  THO,＃(65536－10000)/256
        MOV  TL0,＃（65536－10000)％256
        END
```

4. 实验步骤

(1) 实验箱硬件连线。(实验箱采用拉电流驱动方式,晶振采用 6 MHz)

P1.0 ●————————————————● L0

(2) 编写程序通过 WAVE 软件调试运行。

① TMOD 的设置。

TMOD	GATE	C/$\overline{T}$	M1	M0	GATE	C/$\overline{T}$	M1	M0
(89H)	0	0	0	0	0	0	0	1

② TCON 的设置。

TCON	TF1	TR1	TF0	TR0	IE1	IT1	IE0	IT0
(88H)	0	0	0	1	0	0	0	0

③ IE 的设置。

IE	EA	X	X	ES	ET1	EX1	ET0	EX0
(A8H)	1	0	0	0	0	0	1	0

5. 实验结果

能够观察到实验箱上 L0 灯每 20 ms 变换状态一次。

6. 练习

(1) 利用计数器 T1 实现此方波要求。

(2) 利用计数器 T1 实现 1 s 的左流水灯。

10.9 实验九 Proteus 软件仿真

1. 实验目的

(1) 学习 Protues 软件的使用方法。

(2) 学习 Proteus 软件和 Keil μVision 软件的联调。

(3) 熟悉 C51 编程方法。

2. 实验内容

设计利用 P0 口驱动的 8 个 LED 从左到右循环依次点亮,产生流水灯效果。

3. 参考程序

```
#include<reg51.h>
#include<intrins.h>
#define uchar unsigned char
#define uint unsigned int
//延时
void DelayMS(uint x)
{
uchar i;
while(x--)
{
    for(i=0;i<120;i++);
}
}
//主程序
void main()
{
P0 = 0xfe;
while(1)
{
    P0 = _crol_(P0,1); //P0 的值向左循环移动
    DelayMS(150);
}
}
```

4. 实验步骤

(1) Proteus 介绍

Proteus 是英国 Labcenter Electronics 公司开发的一款电路仿真软件,软件由两部分组成:一是智能原理图输入系统 ISIS(Intelligent Schematic Input System)和虚拟系统模型 VSM(Virtual Model System);二是高级布线及编辑软件 ARES (Advanced Routing and Editing Software)也就是 PCB。

① Proteus VSM 的仿真

Proteus 可以仿真模拟电路及数字电路,也可以仿真模拟数字混合电路。

Proteus 可提供 30 多种元件库,超过 8 000 种模拟、数字元器件。可以按照设计的要求选择不同生产厂家的元器件。此外,对于元器件库中没有的元件,设计者也可以通过软件自己创建。

除拥有丰富的元器件外,Proteus 还提供了各种虚拟仪器,如常用的电流表,电压表,示波器,计数/定时/频率计,SPI 调试器等虚拟终端。支持图形化的分析功能等。

Proteus 特别适合对嵌入式系统进行软硬件协同设计与仿真,其最大的特点是可以仿真 8051,PIA,AVR,ARM 等多种系列的处理器。Protues 包含强大的调试工具,具有对寄存器和存储器、断点和单步模式 IAR C-SPY,Keil,MPLAB 等开发工具的源程序进行调试的功能;能够观察代码在仿真硬件上的实时运行效果;对显示,按钮,键盘等外设的交互可视化进行仿真。

② Proteus PCB

Proteus 的 PCB 设计除了有自动布线仿真功能外,还集成了 PCB 设计,支持多达 16 个布线层,可以任意角度放置元件和焊接连线;集成了高智能的布线算法,可以方便地进行 PCB 设计。

(2)基于 Protesus 的单片机实例

① 软件编写

软件的编写是采用 C51 语言,芯片的型号选择 AT89C51,编写 LED. c 文件,利用 Keil 软件进行编译,编译成功后生成 LED. hex 文件。

② 电路原理图的设计

运行 Proteus 的 ISIS,进入仿真软件的主界面,如图 10-24 所示。主界面分为菜单栏,工具栏,模型显示窗口,模型选择区,元件列表区等。

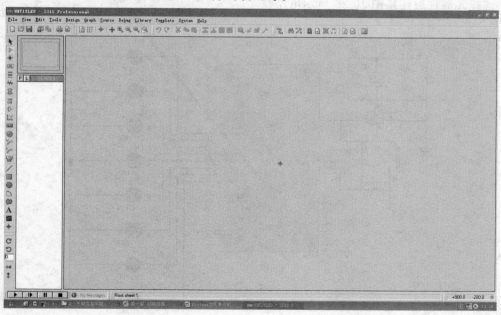

图 10-24　ISIS 启动界面

通过左侧的工具栏区的 P（从库中选择元件）命令，在 Pick devices 窗口中选择系统所需元器件，还可以选择元件的类别，生产厂家等，如图 10-25 所示。本例所需主要元器件有：AT89C51 芯片，电阻 RES、电容 CAP 和 CAP-ELEC、石英晶振 CRYSTAL 和发光二极管 LED-RED。

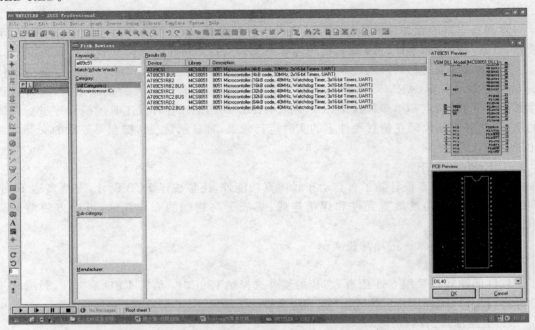

图 10-25　选择元器件

选择元器件后连接图 10-26 所示电路。

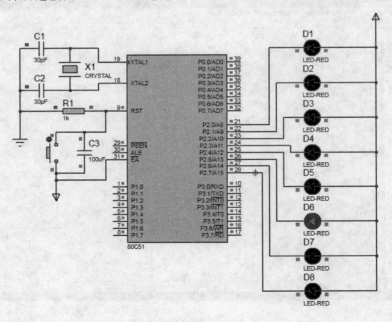

图 10-26　电路图

Microproccessor ICs 类的芯片的引脚与实际的芯片基本相同,唯一的差别是隐去了 GND 和 Vcc 引脚,系统默认的是把它们分别连接到地和+5 V 直流电源。故在电路连线时可以不考虑电源和地的连接。

电路连接完成后,选中 AT89C51 单击鼠标左键,打开"Edit Component"对话窗口如图 10-27所示,可以直接在"Clock Frequency"后进行频率设定,设定单片机的时钟频率为"12 MHz"。在"Add/remove source file"栏中选择已经编好的 LED. c 文件,然后单击"OK"按钮保存设计。至此,就可以进行单片机的仿真。

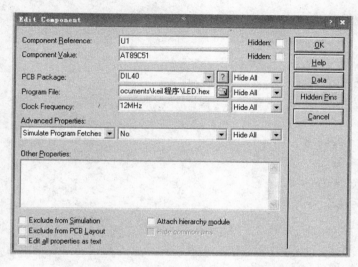

图 10-27　编辑元件加载 Keil 生成的 hex 文件

运行调试,单击 ▶ ▮▶ ▮▮ ■ 快捷键第一个 play 运行,能够观察到原理图中的 8 个 LED 左流水依次被点亮。

10.10　实验十　数码管仿真实验

1. 实验目的

(1) 进一步学习 Proteus 软件和 Keil μVision 软件的联调。

(2) 学习四位一体数码管的编程方法。

2. 实验内容

设计利用 P0、P2 口驱动的 8 位数码管滚动显示数字学号 1235133。

3. 参考程序

```
#include<reg52.h>
#define uchar unsigned char
#define uint   unsigned int
uchar code table[8] = {0x06,0x5b,0x4f,0x6d,0x06,0x4f,0x4f}; //1235133
```

```
uint a = 0;
void Delay(uint i)
{
    uchar x,j;
    for(j = 0;j<i;j++)
    for(x = 0;x< = 148;x ++);
}
void Main(void)
{

    uchar i,j;
    while(1)
    {
      for (j = 0;j<40;j++)
      {
        for (i = 0;i<8;i++)
        {
        P1 = 0;
        P2 = i;
        P1 = table[(i + a) % 8];
        Delay(2);
        }


        }
        a = a + 1; //循环左移
    }


}
```

4. 实验步骤

（1）添加元器件（图 10-28）

图 10-28　元件清单

（2）绘制电路图（图 10-29）

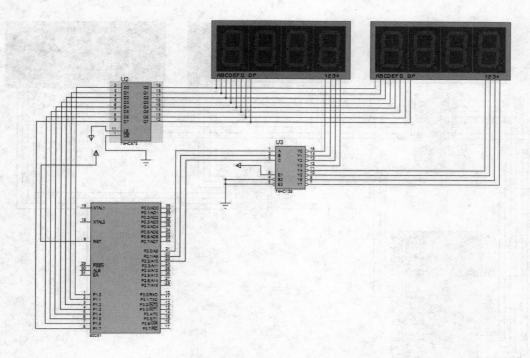

图 10-29　仿真原理图

5. 实验仿真结果

实验仿真结果和仿真滚动效果如图 10-30 和图 10-31 所示。

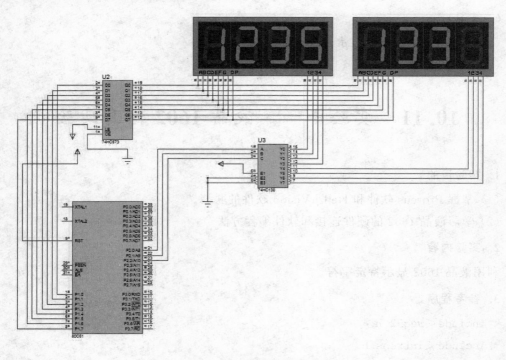

图 10-30　仿真结果图

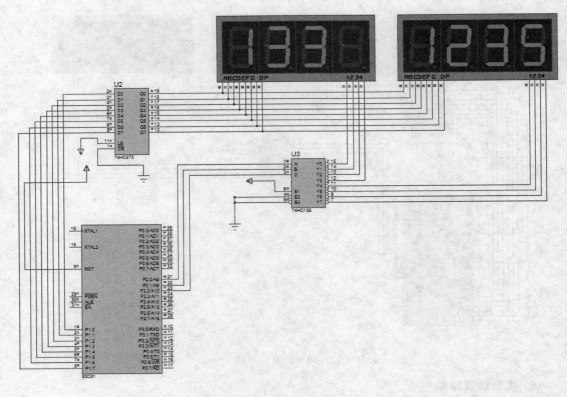

图 10-31　仿真滚动效果

6. 练习

(1) 编写程序实现滚动显示自己学号。

(2) 改成从左向右滚动。

10.11　实验十一　液晶 1602 仿真实验

1. 实验目的

(1) 掌握 Proteus 软件和 Keil μVision 软件的联调。

(2) 学习液晶 1602 的硬件连接和软件编程方法。

2. 实验内容

利用液晶 1602 显示特定字符。

3. 参考程序

```
#include<reg52.h>
#include<intrins.h>
#define uchar unsigned char
```

```
#define uint    unsigned int

//这三个引脚参考资料
sbit E = P2^7;          //1602 使能引脚
sbit RW = P2^6;         //1602 读写引脚
sbit RS = P2^5;         //1602 数据/命令选择引脚



/****************************************************************
* 名称：delay()
* 功能：延时,延时时间大概为 5US。
****************************************************************/

void delay()
{
    _nop_();
    _nop_();
    _nop_();
    _nop_();
    _nop_();
}


void Delay(uint i)
{
    uint x,j;
    for(j = 0;j<i;j++)
    for(x = 0;x<= 148;x++);
}
/****************************************************************
* 名称：bit Busy(void)
* 功能：这个是一个读状态函数,读出函数是否处在忙状态
****************************************************************/
bit Busy(void)
{
    bit busy_flag = 0;
    RS = 0;
    RW = 1;
    E = 1;
```

```
        delay();
        busy_flag = (bit)(P0 & 0x80);
        E = 0;
        return busy_flag;
    }
/***************************************************************
 * 名称 : wcmd(uchar del)
 * 功能 : 1602 命令函数
 ***************************************************************/
    void wcmd(uchar del)
    {
        while(Busy());
        RS = 0;
        RW = 0;
        E = 0;
        delay();
        P0 = del;
        delay();
        E = 1;
        delay();
        E = 0;
    }


/***************************************************************
 * 名称 : wdata(uchar del)
 * 功能 : 1602 写数据函数
 ***************************************************************/

    void wdata(uchar del)
    {
        while(Busy());
        RS = 1;
        RW = 0;
        E = 0;
        delay();
        P0 = del;
          delay();
        E = 1;
        delay();
```

```
    E = 0;
}


/****************************************************************
1602 初始化程序
****************************************************************/
void L1602_init(void)
{
    wcmd(0x38);
    Delay(5);
    wcmd(0x38);
    Delay(5);
    wcmd(0x38);
    Delay(5);
    wcmd(0x38);
    wcmd(0x08);
    wcmd(0x0c);
    wcmd(0x04);
    wcmd(0x01);
}


/****************************************************************
* 名称 : L1602_char(uchar hang,uchar lie,char sign)
* 功能 : 改变液晶中某位的值,如果要让第一行,第五个字符显示
        "b",调用该函数如下 L1602_char(1,5,'b')
****************************************************************/
void L1602_char(uchar hang,uchar lie,char sign)
{
    uchar a;
    if(hang == 1) a = 0x80;
    if(hang == 2) a = 0xc0;
    a = a + lie - 1;
    wcmd(a);
    wdata(sign);
}


/****************************************************************
* 名称 : L1602_string(uchar hang,uchar lie,uchar * p)
* 功能 : 改变液晶中某位的值,如果要让第一行,第五个字符开始显示"abc ",调用该
```

函数如下 L1602_string(1,5,"abc")

** /

```c
void L1602_string(uchar hang,uchar lie,uchar * p)
{
    uchar a,b = 0;
    if(hang = =1) a = 0x80;
    if(hang = =2) a = 0xc0;
    a = a+lie-1;
    while(1)
    {
        wcmd(a++);
        if((* p = ='\0')||(b = = 16)) break;
        b++;
        wdata(* p);
        p++;
    }
}
void Main()
{
    Delay(30);
    L1602_init();
    L1602_string(1,1,"  Welcome To    ");
    L1602_string(2,1,"  The MCU World ");
        L1602_char(1,1,' * ');
    L1602_char(1,16,' * ');
    while(1);
}
```

4. 实验步骤

(1) 添加元器件(图 10-32)

图 10-32　元件清单

(2) 绘制电路图(图 10-33)

5. 实验仿真结果

实验仿真结果如图 10-34 所示。

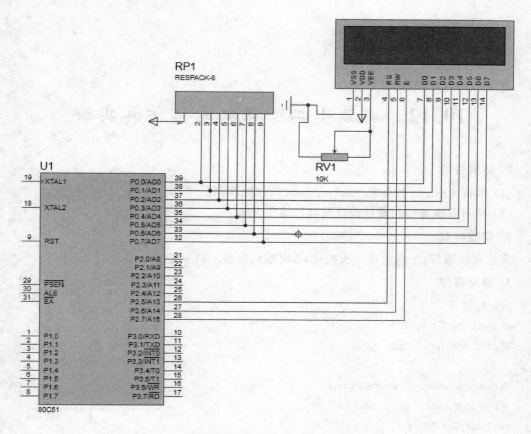

图 10-33　电路原理图

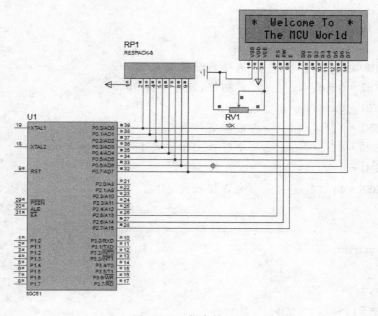

图 10-34　仿真结果图

6. 练习

(1) 编写程序实现显示自己学号。

(2) 编程实现内容滚动显示。

10.12 实验十二 双机通信仿真实验

1. 实验目的

(1) 掌握 Proteus 软件和 Keil μVision 软件的联调。

(2) 学习双机通信的硬件设计及软件编写方法。

2. 实验内容

实验双机通信，A 机每按一次按键，B 机数码管显示数字加 1。

3. 参考程序

```
//A 机程序
#include<reg52.h>
#include<intrins.h>


#define uchar unsigned char
#define uint   unsigned int
sbit key1 = P3^2; //定义按键


void init ()
{
        TMOD = 0x20;           //选择定时器方式 2
        TH1 = 0xfd;            //赋初值,波特率为 9600
        TL1 = 0xfd;
        TR1 = 1;               //启动定时器
        SM0 = 0;               //串行口工作方式 1
        SM1 = 1;
        REN = 1;               //允许接收


}
void Delay(uint i)
{
    uint x,j;
    for(j = 0;j<i;j ++ )
    for(x = 0;x< = 148;x ++ );
```

```
    }

    void Main()
    {
        uchar i = 0;
        init();

    while(1)
    {
    Delay(100);
    if (key1 == 0)
    {
    Delay(20);
    if(key1 == 0)
    {
     i++ ;
     SBUF = i;                  //把 i 赋值给 sbuf
     while(! TI);               //如果发送完毕,硬件会置位 TI
     TI = 0;                    //TI 清零
     while (! key1);
     }
     }


    }
    }
//B 机程序
#include<reg52.h>
#include<intrins.h>

#define uchar unsigned char
#define uint   unsigned int
uchar i;

uchar code table[10] = {0x3f,0x06,0x5b,0x4f,0x66,0x6d,0x7d,0x07,0x7f,0x6f};
                        //数组 0~9

void Delay(uint i)               //1ms 延时函数
{
    uchar x,j;
```

```
        for(j = 0;j<i;j++)
        for(x = 0;x< = 148;x++);
}

void init ()
{
        TMOD = 0x20;              //选择定时器方式 2
        TH1 = 0xfd;               //赋初值,波特率为 9600
        TL1 = 0xfd;
        TR1 = 1;                  //启动定时器
        SM0 = 0;                  //串行口工作方式 1
        SM1 = 1;
        REN = 1;                  //允许接收
        EA = 1;                   //打开总中断
        ES = 1;                   //打开串口中断
}
void serial() interrupt 4
{
    RI = 0;                       //TI 清 0
    i = SBUF;
   P1 = table[i%10];
   Delay(200);
}
void main ()
{
    init ();
    Delay(200);
    while(1);
}
```

4. 实验步骤

(1) 添加元器件(图 10-35)

图 10-35 元件清单

(2) 绘制电路图(图 10-36)

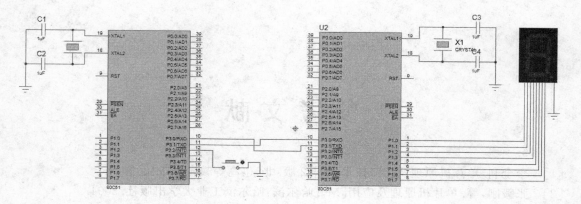

图 10-36　电路原理图

5. 实验仿真结果

实验仿真结果如图 10-37 所示。

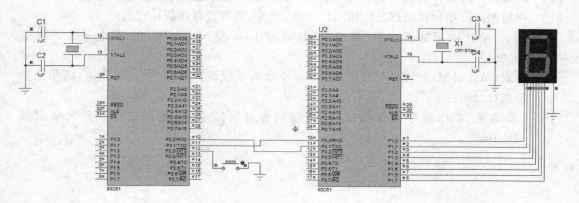

图 10-37　仿真结果图

6. 练习

(1) 双机通信改用液晶 1602 显示按键累加值。

(2) 编程实现全双工 A 机按键次数 B 机显示, B 机按键次数 A 机显示。

参 考 文 献

[1]　李全利.单片机原理及接口技术[M].2版.北京:高等教育出版社.2009.

[2]　张毅刚,等.单片机原理及应用[M].哈尔滨:哈尔滨工业大学出版社.2004.

[3]　李林功,等.单片机原理与应用[M].2版.北京:机械工业出版社.2014.

[4]　李朝青.单片机原理与接口技术[M].3版.北京:北京航空航天大学出版社.2007.

[5]　谢维成,等.单片机原理与应用及 C51 程序设计.北京:清华大学出版社.2006.

[6]　马忠梅,等.单片机的 C 语言应用程序设计.北京:北京航空航天大学出版社.2007.

[7]　张毅刚,等.单片机原理及应用[M].2版.北京:高等教育出版社.2010.

[8]　林立.单片机原理及应用.基于 Proteus 和 Keil C[M].2版.北京:电子工业出版社.2013.

[9]　何宏.单片机原理及应用.基于 Proteus 单片机系统设计及应用[M].北京:清华大学出版社.2012.

[10]　李朝青.单片机原理及接口技术(简明修订版).北京:北京航空航天大学出版社.1998.